ROLLS-ROYCE

Fabien Sabatès

Fotos: Jean-Michel Dubois, Dominique Pascal, Autopresse

Lechner Verlag
Wien · Genf · New York

Lektorat: May Hoff
Übersetzung: Christine Zöllner

Französische Originalausgabe by Editions
Charles Massin, Paris.

Coverlitho: Satzstudio Bernhard Brunner, Wien.
Satz: Ueberreuther, Korneuburg.
Druck: Gráficas Estella S.A., Navara.

Printed in Spain.

ISBN 3-85049-025-4

Der berühmteste Silver Ghost der Welt aus dem Jahr 1907 und gegenüber der 100.000ste Markenwagen, ein Silver Spur „Centenary". 25 Silver Spur wurden 1985 zum Gedenken an dieses Ereignis hergestellt.

If you have to ask the price, you can't afford it . . .

Mit anderen Worten, wenn Sie nach dem Preis fragen müssen, dann können Sie ihn sich nicht leisten. Mit diesem Satz, der all denen gegenüber sehr hart ist, die sich niemals einen Rolls kaufen können, treten wir ganz ungeniert in diese eigene Welt des besten Autos der Welt ein.

Wer kann sich schon — nur um die Gelegenheit zu haben, den Rücken der „Silver Lady" zu bewundern — einen dieser märchenhaften Wagen leisten? Die Großen dieser Welt können dies sehr wohl.

Es hat jedoch etwas mit der Ironie des Lebens zu tun, wenn allgemein bekannte Persönlichkeiten, die sonst wirklich nichts verbindet, sich in ihrem Enthusiasmus für eine Nobelmarke zusammenfinden: Hitler, Charlie Chaplin, Lenin, Mao Tse-tung, Mussolini, Franco, Zar Nikolaus II., Elvis Presley, Ayatollah Khomeini, um nur einige zu nennen. Man darf auch nicht die ganze Schar von Königen und Königinnen, Prinzessinnen und — echten oder falschen — Adligen, Schauspielern, militärischen Befehlshabern und Politikern vergessen — ganz zu schweigen von den kapriziösen Geliebten dieser wohlhabenden Herren.

Wohlhabend ist nicht ganz das treffende Wort, es ist nicht stark genug; man sollte eher den großen Jazzmusiker Cole Porter frei zitieren, der im Zusammenhang mit seinem Rolls sagte: „Ich bin nicht nur reich, ich bin reich reich . . ."

Um einen Rolls zu besitzen, mußte man reich, begütert, betucht, Nabob, Krösus, Kapitalist, Plutokrat sein, stinkfein, glanzvoll, neureich, aber auch hochnäsig, eingebildet, überheblich, stolz, charmant, verführerisch, gutherzig, bezaubernd, liebenswürdig, faszinierend, anmutig oder aber anstrengend, schwierig, langweilig . . . — ganze Wörterbuchseiten ließen sich so füllen.

Der erste Kunde, der nach der Gründung des Unternehmens 1906 Besitzer eines Rolls-Royce geworden ist, trägt einen Namen, der unseren Hausfrauen und Schneiderlehrlingen lieb und teuer ist: Paris E. Singer. Der Vater der Nähmaschinen, mit denen sich unsere Großmütter die Augen verdarben. Er wurde mit diesem seltsamen Vornamen ausstaffiert, weil ihm sein Erzeuger den Namen der Stadt gab,

Während alle Hersteller eine breite Palette von Modellen anbieten, macht Rolls-Royce auf Anregung von Claude Johnson den Silver Ghost ab März 1908 zu seinem einzigen Modell. Diese neue Verkaufsmethode sollte ein großer Erfolg werden.

Rechte Seite: Ein Silver Ghost mit Edelholzkarosserie im Stil von Skiff Panhard und Levassor, des großen französischen Karosseriebauers Labourdette.

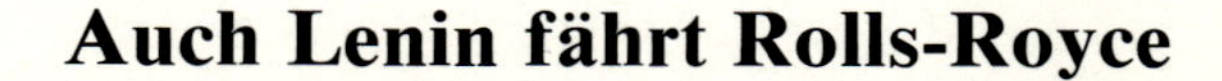

Auch Lenin fährt Rolls-Royce

Das Ende der Zarenfamilie ist jedoch nicht gleichbedeutend mit dem Ende von Rolls-Royce in Rußland. Wenn Sie nach Moskau reisen, dann werden Sie sehen, daß der Eingang zum Roten Platz von zwei Museen gesäumt ist. Eines davon ist das Lenin-Museum. Gehen Sie hinein, und Sie werden seine Hüte, Mützen, Gehröcke, sein Teegeschirr, seine Bücher, Aufzeichnungen und vor allem seinen wundervollen Silver Ghost, Baujahr 1919 (Fahrgestell-Nr. 16 X) in Englischgrün sehen.

Dieser Wagen, für den ich diese Reise unternommen habe, steht eingezwängt in einem Gang zusammen mit der Figur einer im Stehen schlafenden „Babuschka" (Großmutter). Doch leider versteht man bei Lenin keinen Spaß! Und so ist es mir nicht gelungen, ein Foto zu machen — nicht von der Babuschka, vom Wagen! Denn jegliches Blitzlicht ist offiziell verboten (diese Regelung stammt zwar aus der Zeit, als die Blitzlampen noch explodieren konnten, aber versuchen Sie einmal, eine russische Verwaltungsvorschrift zu ändern! . . .).

Lenin bestellte insgesamt neun Rolls-Royce über seinen Vertrauensmann in London, Leonid Krassin. Drei davon sind heute noch übrig, von denen einer mit den Gleisketten des Ingenieurs Gustav Kegress ausgestattet ist. Der ehemalige Werkstattmeister des Zaren erfand diese Ketten, damit Nikolaus II. auch im Winter bei Schnee auf die Jagd gehen konnte. Nachdem Kegress 1917 nach Finnland ins Exil gegangen war, ließ er sich später in Paris nieder, wo er sein Patent an Citroën verkaufte, die damit verschiedene ihrer Modelle ausstatteten. Diese berühmten Raupenfahrzeuge zeichneten sich bei den unvergessenen „Croisières Citroën", den von Citroën veranstalteten Abenteuerfahrten, aus.

Auch Stalin besaß einen Rolls, ebenso wie Breschnew. Den Wagen des letzteren habe ich nach Überwindung diverser Schwierigkeiten 1983 gefunden. Ein Bericht dieser Suchaktion würde hier jedoch zuviel Zeit in Anspruch nehmen. Nur so viel: in der er geboren wurde. Sein Bruder hieß Washington und war auch einer der ersten Rolls-Royce-Besitzer.

Die Russen waren begeisterte Käufer dieser Automobile. Zar Nikolaus II. leistete sich zwei Modelle des Silver Ghost. Der dritte Wagen wurde erst 1918 fertiggestellt, also zu einem Zeitpunkt, als er schon in Jekaterinburg gefangen war. Dieser Wagen wurde vom British War Office eingezogen, das ihn zur Beförderung hoher Besucher einsetzte. Die Mutter des Zaren fuhr einen braunen Landaulet, Baujahr 1914, dessen Türen ihr Wappen trugen.

Eine andere Persönlichkeit lernte ich 1967 in Paris kurz vor seinem Tod kennen: Fürst Felix Jussupoff, verheiratet mit einer Nichte des Zaren. Nachdem er den höchst umstrittenen Mönch Rasputin mit einigen Freunden umgebracht hatte, benutzte er zum Transport der Leiche zur Neva sein Rolls-Cabriolet. Der nicht einmal des Lesens und Schreibens kundige Rasputin hatte durch seine Heilerfähigkeiten die Gunst der Zarin Alexandra gewonnen, deren Sohn an der unheilbaren Bluterkrankheit litt.

Ein anderer Russe besaß vier Rolls-Royce: Lewis J. Zelenick, der den Pogromen knapp entging und in die Vereinigten Staaten auswanderte, genauer gesagt nach Hollywood, wo er seinen Namen in Selznick umwandelte (ein russisches Wort, das soviel bedeutet wie „auf dem Weg") und ein Kinomagnat wurde. Man weiß, daß er 1918 die Unverfrorenheit hatte, folgendes Telegramm an das „Väterchen Zar" zu richten:

„Als ich ein kleiner Junge in Rußland war, hat Ihre Polizei mein Volk grausam und mitleidslos behandelt. Da ich erfahren habe, daß Sie keine Beschäftigung haben, kann ich Ihnen, wenn Sie nach New York kommen, eine gute Stellung beim Film anbieten. Gage kein Problem. Rückantwort frei. Herzliche Grüße an Ihre Familie. Selznick."

In seinem nächsten Film mit dem Titel „Der Untergang der Romanows" . . . sollte der Zar die Hauptrolle spielen.

Henry Ford zieht seinen Silver Ghost dem Ford T vor

Oben links: Ein 40/50-PS-Silver Ghost, Baujahr 1919. 6173 Exemplare wurden zwischen 1907 und 1925 gebaut. Oben rechts: Der Twenty von 1925 folgt auf den Silver Ghost. Er ist kleiner und billiger, da seine Konstruktion vereinfacht wurde. In den Jahren zwischen 1922 und 1929 wurden 2940 Exemplare davon hergestellt.

Er stand auf dem Parkplatz einer Rennstrecke nahe einer für Ausländer verbotenen Stadt. Er war mit einem Plastiküberzug bedeckt und sein Kühler infolge eines Unfalls eingedrückt. Breschnew, der schöne Autos liebte (und darüber hinaus kleine Bolschoï-Balletteusen), soll am Steuer seines Rolls-Royce Silver Shadow von einem plötzlichen Unwohlsein gepackt worden und daraufhin gegen ein Hindernis gefahren sein. Von diesem Augenblick ging es mit seiner Gesundheit bergab. Diese Version habe ich direkt vom neuen Besitzer dieses Wagens (der seit Jahren darauf wartet, genug Devisen zusammenzubekommen, um Ersatzteile bestellen zu können). Der Freund, bei dem ich einige Zeit wohnte, besitzt neben anderen unglaublichen Wagen einen Auto-Union-Rennwagen mit einem 16-Zylinder-Motor, der der Stolz aller Automobilmuseen der Welt wäre. Mein Freund ist auch wahrscheinlich der einzige gewöhnliche sowjetische Bürger, der mit einem Rolls-Royce, Baujahr 1933, täglich zur Arbeit fährt . . . Was soll man auch machen, wenn man nicht die finanziellen Mittel hat, um sich einen neuen Lada oder einen Moskvitch zu leisten — dann kauft man sich eben einen Gebrauchtwagen . . .

Und schließlich bleibt noch ein letztes Rätsel im Osten: 1971 bestellten die Russen zwei Silver Shadow und 1983 einen Silver Spirit, aber man weiß weder, was aus ihnen geworden ist, noch wer ihr Besitzer ist. Dieses Geheimnis bleibt verhüllt von den Dampfschwaden des Samowar . . .

Ein anderer Rolls-Kunde, den man genausowenig vermutet hätte wie Lenin, war Henry Ford. Er kaufte sich 1924 einen Silver Ghost. Als 1925 dann ein Mechaniker in Anzug und Melone wegen der jährlichen Wartung zu ihm kam, war er so verdutzt, daß er sofort nach Coventry telegraphierte: „Wenn ich eines meiner Autos verkauft habe, will ich damit nichts mehr zu tun haben . . .“ Wenn er zu einem Freund fuhr, hatte er die Angewohnheit zu sagen: „Mein Wagen ist in der Werkstatt, also habe ich das Auto genommen, das nach einem Ford das zweitbeste ist . . .“

Nur ein einziger Präsident der USA wagte es, einen anderen als einen amerikanischen Wagen zu fahren — Woodrow Wilson. Bei dem Wagen handelte es sich um eine Rolls-Royce-Luxuslimousine, lackiert in den Farben der Stadt Princeton. Dieser Wagen wurde ihm von einem Freund kurz vor seinem Tod geschenkt. Man erzählt — es gibt jedoch keine Bestätigung dafür —, daß Präsident F. D. Roosevelt in den 30er Jahren einen gebrauchten Rolls-Royce, Baujahr 1925, Canterbury Limousine, besessen haben soll, der vorher angeblich dem Nachkommen von Präsident Grant gehörte.

Der Wagen von Viktor K., jenem russischen Freund, der täglich im Rolls-Royce fährt, ist aus dem Jahre 1933. Es ist eine Kriegstrophäe, die die Rote Armee 1945 in die UdSSR gebracht hat.

Was Ronald Reagan betrifft, so fuhr der bereits einen Cadillac, als er noch Schauspieler war.

Amerika in seiner ganzen Überzogenheit und Verrücktheit findet seinen Ausdruck im Kino, und somit automatisch auch in Hollywood oder Beverly Hills. Tony Thomson, der Vertragshändler in diesem außergewöhnlichen Bezirk, hat 1983 allein 65 Autos verkauft. Unglaublich, aber wahr: Einundsechzig der fünfundsechzig Käufer zahlten in bar . . .

Unten: Phantom II Baujahr 1929, also ein Erstmodell. Für einige Experten ist es das Beste, was Rolls-Royce je hervorgebracht hat: 40/50 PS, 6 Zylinder, 150 km/h. Es war bis 1935 in Produktion, 1767 Stück wurden davon hergestellt.

Oben: Der Phantom I oder New Phantom stammt aus dem Jahr 1925. Dieser hier ist ein Baujahr 1926, es ist in der Tat ein Silver Ghost mit einem moderneren Motor. In vier Jahren wurden davon 2212 Stück produziert.

Unten: Dies ist der hervorragende Phantom III mit einem Milord-Verdeck, dessen großer V12-Zylindermotor 1800 kg mit 150 km/h fortbewegt. Dieses Modell aus dem Jahr 1937 gehört zu den ca. 710 Autos, die zwischen 1935 und 1939 hergestellt wurden.

Oben: Eine Version des Twenty; der 20/25 ist ein kleiner Rolls-Royce mit einer Höchstgeschwindigkeit von 118 km/h. Er wurde zwischen 1926 und 1936 hergestellt. Das Foto zeigt einen Coach, Baujahr 1934.

AX 20

Auch Elvis hatte zwei Rolls-Royce

1929 bitten die Gebrüder Warner (Warner Bros.) einen unbekannten Schauspieler, Al Jolson, in einem Experimentalfilm, dem ersten Tonfilm, mitzuspielen. Es geht um den Film „The Jazz Singer" mit dem berühmten Ausspruch von Al: „Sie haben noch nichts gehört . . .". Dieser Film brachte ihm Ruhm und die hübsche Summe von 75.000 Dollar ein, dazu einen Rolls-Royce als Geschenk von den Warner Brothers.

Eine der ersten Hollywood-Kundinnen war ohne Zweifel Mary Pickford, die den Spitznamen „Die kleine Braut Amerikas" trug. Ihr Phantom I, Baujahr 1926, hatte ein Geheimfach, in dem sie ihre Liköre versteckte. — Dies war nämlich genau die Zeit der Prohibition, des totalen Alkoholverbots in den USA.

Im gleichen Jahr, also 1926, stirbt Rudolph Valentino, der schönste Liebhaber der Kinoleinwand, und läßt Millionen von Fans in tiefster Verzweiflung zurück. Er wird in einem weißen Rolls-Royce Torpedo zu seiner letzten Ruhestätte geleitet, eskortiert von 18 weiteren Rolls.

Die reichen Leute — wie im übrigen auch die weniger reichen — begeben sich gerne in einem komfortablen Wagen ins Jenseits, eine Tatsache, die die Geschäftsführer des Bestattungsunternehmens Scottish Cooperative Society schnell begriffen haben: Sie besaßen in den 50er und 60er Jahren zweihundertvierzig Rolls- Royce und setzten sie für Begräbnisse, aber auch für Hochzeiten ein. Sie gaben dem Vorstand und der Arbeiterschaft des Rolls-Royce-Werkes große Rätsel auf, als sie dreißig Wagen auf einmal bestellten, was ja an sich schon nicht alltäglich ist, zumal sie noch dazu auf Radio und Heizung verzichteten. Wenn man den Preis für so einen Wagen kennt, kommt man nicht umhin, sich über ein solches Ansinnen zu wundern.

Als Antwort auf die ziemlich indiskrete Nachfrage der kaufmännischen Abteilung erklärte der Auftraggeber mit einem Anflug von englischem Humor: „Die meisten unserer Kunden machen nur eine einzige Fahrt mit unseren Wagen . . ."

Zsa Zsa Gabor (erinnern Sie sich an ihren berühmtesten Ausspruch „Ich habe einen Mann nie genug gehaßt, um ihm seinen Schmuck zurückzugeben") kaufte einen Rolls-Royce, der zuerst der Herzogin von Kent gehörte. Ihre Errungenschaft wurde von Georges Barris von Kustom Industries völlig neu gestylt. Die Kühlerfigur ist aus Golddoublé, die Lackierung besteht aus dreißig Schichten des Murano-Lacks „Pearl of Essene" in zwei Goldtönen. Auf dem Kühler befindet sich nicht mehr das Emblem mit den beiden ineinander verschlungenen „R", sondern der Namenszug der Schauspielerin. Mit der Beschreibung der Innenausstattung könnte man mehrere Seiten füllen. Erwähnt sei daher nur, daß unter anderem ein Weinschrank mit Trinkbechern aus 24karätigem Gold, ebenfalls mit dem Namenszug von Zsa Zsa aus Edelsteinen, ein Schminktisch mit goldener Bürste und anderen luxuriösen „weiblichen Folterinstrumenten" eingebaut ist.

Nachdem die Schauspielerin den Wagen wieder verkauft hatte, ersteigerte ihn Henry Kurtz, der Besitzer des Krazy Kar Museum in New-Jersey USA, in dem es die verrücktesten Autos zu bestaunen gibt.

Bekanntlich sind Künstler große Kinder: Elvis hatte zwei Rolls-Royce, aber als braver Sohn schenkte er seiner Mutter einen großen bonbonrosa Cadillac. John Lennon ließ sich ein Bett in seinen Rolls einbauen. Cary Grant, der sich nur in einem Rolls sicher fühlte, besaß gleich drei davon: Einer war in Hollywood, und die beiden anderen standen in New York und London in Tiefgaragen. Keith Moon, der Schlagzeuger der Who, ist ein guter Kunde von Rolls-Royce, aber ein Fahrer, dem ich meine Tochter nicht anvertrauen würde. An dem Tag, als er sein gerade verkauftes Haus verließ, erhielt er vom neuen Besitzer einen ängstlichen Anruf: „In meinem Swimmingpool ist ein Rolls-Royce!" klagte er. „Ja, ich weiß", antwortete der Musiker. „Ich habe vergessen, es Ihnen zu sagen. Als ich wegfuhr, bog ich statt nach links nach rechts ab. Es tut mir wirklich leid . . ."

Jackie Coogan, der Kinderstar des amerikanischen Films, besaß bereits zwei Rolls bevor sie einundzwanzig Jahre alt war. Ihr Vater wurde übrigens Vertreter dieser Automarke für ganz Südkalifornien.

Die Beatles verursachten einen Skandal, als sie sich in einem „bewußtseinserweiternden" Rolls zu Schau stellten, was zahlreiche Kommentare hervorrief. Die berühmtesten sind zum einen der des Künstlers, der den Wagen bemalte: „Es ging gar nicht um Wappen, wie sie mir anfangs sagten. Ich sollte wüste Ornamente malen, ein wahres Sakrileg", und zum anderen der des Herstellers, der auf die Frage eines Journalisten antwortete: „Es ist nicht Teil unserer Unternehmenspolitik, den Geschmack unserer Kunden zu kommentieren."

Diese Antwort kehrt wie ein Leitmotiv ständig wieder, wenn man diese Art Fragen in Crewe stellt.

Zum Schluß noch der Bericht des Schauspielers Michael Caine, den dieser in seinen Memoiren „Raising Caine" wiedergibt. Er kaufte sich nämlich einen Rolls-Royce, bevor er überhaupt fahren konnte. Eines schönen Tages, als er bereits bekannt war und sich mit Filmen mehr als nur seinen Lebensunterhalt verdienen konnte, rief ihn sein Buchhalter an, um ihm mitzuteilen, daß er endlich Millionär sei, Dollarmillionär versteht sich. Caine, der gerade seine Wochenendeinkäufe machen wollte, las sich noch einmal die Einkaufsliste durch, die er auf die Rückseite eines alten Briefumschlags geschrieben hatte: Rasierklingen, Cornflakes, Butter, Brot — und fügte noch einen Rolls-Royce hinzu. Unrasiert, in Jeans und Turnschuhen ging er mit einem seiner Freunde, ebenfalls ein Schauspieler, zum nächsten Rolls-Royce-Händler. Der Verkäufer empfing ihn nicht gerade herzlich, da die beiden Spaßvögel nicht unbedingt wie Kunden des besten Autos der Welt aussahen. Also gingen sie noch am selben Tag zu einem anderen Händler, und man kann sich vorstellen, welch Vergnügen es ihnen machte, immer wieder vor dem Schaufenster des ersten Verkäufers vorbeizufahren — ganz langsam, mit zurückgeklapptem Verdeck und schreiend vor Lachen, wobei sie dem armen Mann, der seinen Augen nicht traute, strahlend „Victory"-Zeichen machten.

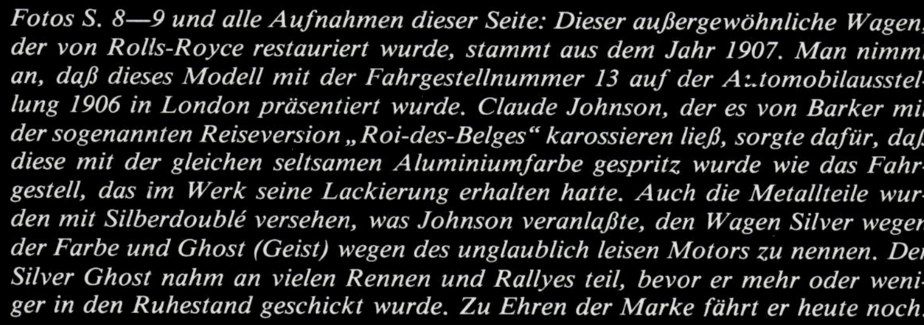
Fotos S. 8—9 und alle Aufnahmen dieser Seite: Dieser außergewöhnliche Wagen, der von Rolls-Royce restauriert wurde, stammt aus dem Jahr 1907. Man nimmt an, daß dieses Modell mit der Fahrgestellnummer 13 auf der Automobilausstellung 1906 in London präsentiert wurde. Claude Johnson, der es von Barker mit der sogenannten Reiseversion „Roi-des-Belges" karossieren ließ, sorgte dafür, daß diese mit der gleichen seltsamen Aluminiumfarbe gespritz wurde wie das Fahrgestell, das im Werk seine Lackierung erhalten hatte. Auch die Metallteile wurden mit Silberdoublé versehen, was Johnson veranlaßte, den Wagen Silver wegen der Farbe und Ghost (Geist) wegen des unglaublich leisen Motors zu nennen. Der Silver Ghost nahm an vielen Rennen und Rallyes teil, bevor er mehr oder weniger in den Ruhestand geschickt wurde. Zu Ehren der Marke fährt er heute noch.

Charles Rolls: schön, skandalös, reich und adlig

Der Ehrenwerte Charles Rolls, ein Rennfahrer und kühner Pilot, der mit dreiunddreißig Jahren auf dem Höhepunkt seines Ruhms ums Leben kommt.

Farbbild aus der damaligen Zeit: Ein Phantom I Landaulet, karossiert von Barker, fährt 135 km/h.

Unten und nächste Seite: Die ziemlich ungewöhnliche Karosserie wurde 1947 von Labourdette für einen Pelzhändler aus New York entworfen. Fahrgestell Phantom III, 12-Zylinder-V-Motor. Zu beachten ist die Panorama-Windschutzscheibe.

Was wäre gewesen, wenn Charles Rolls nie Henry Royce begegnet wäre? Mehrere Historiker haben bereits mit dieser absurden Hypothese spekuliert. Einige, wie Fox und Smith, sagen, daß das beste Auto der Welt heute Rolls-Runnicles oder Mac-Sweeney-Royce heißen würde. Andere denken, daß — wie bei vielen anderen Marken — sogar die Erinnerung an Henry Royce längst ausgelöscht wäre. Ich persönlich glaube, daß das Auto ganz einfach zum „ROYCE“ geworden wäre, wenn andere Personen seinen Erfinder umgeben hätten.

Gerade dieser Mann konnte nicht so einfach in Vergessenheit geraten. Noch immer gilt er in den Augen der ganzen Welt als einer der größten Erfinder und Maschinenbauer in der Geschichte des Automobils.

Beginnen wir bei Charles Rolls, dem ersten Namensgeber dieser Wagen. Er macht eine kurze, aber nicht minder bedeutende Karriere. Man muß sich in die Zeit von Königin Viktoria zurückversetzen, um den Eifer und die Hingabe verstehen zu können, mit der Rolls das Automobil in Großbritannien populär zu machen versuchte.

Viktoria haßte kraftstoffbetriebene Wagen, da ihrer Meinung nach, aufgeschreckt durch den Lärm, die Pferde scheuen würden. Einer der unbeirrbarsten Gegner der Automobile war der Marquis von Queensberry, der um das gesetzliche Recht kämpfte, auf alle Automobilisten, die ihn oder seine Familie in Gefahr bringen würden, schießen zu dürfen.

Charles Stewart Rolls ist ein Adliger, der dritte Sohn des Barons Llangattock und Urenkel des Herzogs von Northesk (sein Vater wurde 1892 in den Adelsstand erhoben). Er lebt in einem riesigen viktorianischen Herrschaftshaus inmitten eines schönen und großen Parks. Zweitausend Hirschkühe laufen dort frei herum, allein die Allee vom Tor bis zur Eingangstür mißt fünf Kilometer. Um einen Begriff davon zu bekommen, wie reich sie sind, genügt es, sich vorzustellen, daß für die Bedienung vierhundertfünfzig Hausangestellte zur Verfügung stehen.

Auch wenn seine Familie sehr vermögend ist, wird er in jungen Jahren wegen seines Geizes ebenso berühmt wie aufgrund seiner sportlichen Leistungen.

Seine Mitstudenten in Eton, dem berühmten englischen College, berichteten später, daß sie ihm, nur damit er mit ihnen im Zug Erster Klasse fahren konnte, den Zuschlag zahlten.

Als er einmal eine Freundin und deren Mutter ausführt, geht er mit ihnen in ein einfaches Tingeltangellokal in London und versichert ihnen allen Ernstes: „In dieser Gegend kann man nirgends wirklich gut essen.“ Sie befinden sich im West End, dem mit Abstand elegantesten Viertel der Hauptstadt.

Wenn er in den Royal Automobile Club geht, nimmt er ein Sandwich mit, das er heimlich ißt, um sich den Lunch zu sparen.

Am Start zu einer Rekord-Langstreckenfahrt von London nach Monte Carlo entdeckt einer seiner Mitfahrer im Fond des Wagens zwei kleine Flaschen Champagner und eine Unmenge kalten Tees. „Der Champagner ist für mich und der Tee für Sie“, erklärt Rolls unverfroren. Trotzdem ist er ein charmanter, humorvoller und unberechenbarer Zeitgenosse. Man kann ihn ohne weiteres an einem Tag im House of Lords im Frack antreffen und ihn am nächsten mit einem alten Pullover und einer durchlöcherten Hose am Steuer eines Rennwagens wie einen Verrückten durch die Gegend rasen sehen.

Er liebt das schöne Geschlecht, flattert wie ein Schmetterling von einer Blume zur andern, und die Damen vergelten es ihm wohl, weil sie verrückt nach ihm sind. Ist er nicht schön, skandalös, reich, adelig und unberechenbar? Leider wird man nie viel über seine amourösen Eskapaden wissen, da immer ein diskreter Schleier über seinem Liebesleben lag. Die damalige Presse spricht nur von Vera Butler, jener unerschrockenen Amazone, die es wagte, ihr Geschlecht herauszufordern und mit ihm in den Ballon zu steigen.

Übrigens hat seine Angewohnheit, den Ballon hinten in seinem Silver Ghost zu verstauen, dazu beigetragen, daß der Wagen mit dieser ganz besonderen Karosserie den Namen „Balloon Car“ erhielt.

Charles Rolls ist der zweite englische Flieger . . .

Der 2-Zylinder-Rolls-Royce, Baujahr 1905, von Oberst Ruston. Mit 10 PS und Dreiganggetriebe fährt er gut 60 km/h.

Der „SU 13", ein 2-Zylinder, Baujahr 1905, Eigentum der Firma, die ihn 1920 von seinem ersten Besitzer geschenkt bekam, nachdem dieser keine ausreichend große Garage für das Prachtstück hatte.

Bei seinem Studium in Eton ist er ein Faulpelz, das in Cambridge bringt ihm jedoch ein Diplom als Maschinenbauingenieur ein. Aber anstatt eifrig seine Vorlesungen zu besuchen, baut er lieber ein Rad für vier Personen. Ständig sieht man ihn nachlässig gekleidet und lauthals singend auf seltsamen Maschinen, Tandems oder Tridems, herumfahren.
Seine angeborene Leidenschaft und Neugier für alles, was fährt, wird 1894 bei seiner ersten Reise nach Frankreich mit seinem Vater wirklich befriedigt. Auf der Automobilausstellung in Paris sieht er zum ersten Mal in seinem Leben einen Wagen ohne Pferde. Es war Liebe auf den ersten Blick. Zwei Jahre später sollte er mit neunzehn Jahren der erste Wagenbesitzer in Cambrigde und einer der allerersten jungen, englischen Fahrer sein.
Charles Rolls sollte auch der zweite englische Flieger sein (der erste war Griffith Brewster). Auf jeden Fall ist er der erste Engländer, der im Besitz eines Aeroplans ist, der als erster über eine halbe Meile weit fliegt (das sind 805 Meter), der erste, der den Ärmelkanal von der englischen Seite aus überquert, und der erste der Welt, der den Ärmelkanal hin und zurück überquert.
Unglücklicherweise sollte er am 12. Juli 1910 mit 33 Jahren auch der erste Engländer sein, der bei einem Flugzeugunglück ums Leben kommt. Bei einem Fliegertreffen bricht über Bournemouth sein Wright-Zweidecker auseinander.
Das Auto von Rolls ist ein 3,25-PS-Peugeot, Typ Paris-Bordeaux, das er sich natürlich gebraucht kaufte . . .
Man muß sich einmal vorstellen, was es in der damaligen Zeit und in diesem ultrakonservativen Land bedeutete, ein Automobil zu besitzen. Seit 1865 wurde die Fortbewegung der „pferdelosen" Fahrzeuge durch ein Gesetz geregelt, dem Red Flag Act. Dieses Gesetz bestimmte, daß vor jedem pferdelosen Fahrzeug ein Mann gehen sollte, der eine rote Fahne schwenken mußte, und daß die Geschwindigkeit der Maschine keinesfalls 3,5 km/h überschreiten durfte.
Nach zahlreichen Kämpfen zwischen den Gesetzgebern und wohlhabenden Sportlern — da die Autos den Reichen vorbehalten waren, überwog auch deren Einfluß — wurde das Gesetz 1896 zu Fall gebracht und die Geschwindigkeitsbegrenzung auf 20 km/h erhöht.
Der Peugeot von Charles Rolls, den er in Frankreich gekauft hatte, wurde per Schiff und dann per Bahn nach Monmouth gebracht. Für die dreihundert Kilometer nach London benötigte er drei Tage. Somit war dies die erste Langstreckenfahrt mit einem Automobil auf englischem Boden. Die tollsten Anekdoten werden von dieser Tour berichtet. Bis zu seinem Tod erzählte Rolls seinen Freunden immer wieder die komischsten Abenteuer mit dem Peugeot. Dabei ging es vor allem um den Ärger, den er mit der neugierigen Menschenmenge hatte, sobald der Wagen repariert werden mußte. Aus diesem Grund stattete später sein Teilhaber, Ernest Claremont, den zweiten Royce, der als Versuchsmodell diente, mit einem Schild folgender Aufschrift aus: „Wenn der Wagen eine Panne hat, stellen Sie bitte nicht einen Haufen dummer Fragen."

Der Rolls-Royce 20-HP mit 4 Zylindern aus den Jahren 1905/1906. Gefahren 1906 von C. S. Rolls bei der Tourist Trophy wird er Sieger. Neben ihm sein treuer Mechaniker Eric Platford. Rolls beendete das Rennen mit 0,6 l Benzin im Tank.

Charles hegt auch andere ehrgeizige Pläne, er wird Rennfahrer, bis sich das Fliegen zum neuen Modesport entwickelt. In einem Interview mit der Morning Post, das am 13. Juli 1910, einen Tag nach seinem plötzlichen Tod, veröffentlicht wurde, erklärt ein Journalist: „Vor kurzer Zeit hatte Rolls festgestellt, daß das Automobil für ihn kein wirkliches Vergnügen mehr sei, da dieses Transportmittel zu sicher und eintönig geworden sei. Es habe nichts mehr von dem erregenden Gefühl der Luftfahrt, und er bedauerte, daß die heroische Zeit der Reisen vorbei sei, bei denen es normal war, daß man regelmäßig öfter unter dem Auto lag, als man drinnen saß."

Rolls wird schnell zum populärsten Rennfahrer Englands. Seine Siege erringt er meistens in Frankreich, wo jährlich zahlreiche Rennen organisiert werden und die Entwicklung des Automobils bei den meisten Herstellern schneller vorangeht. Um ihren Rückstand wettzumachen, organisieren die Engländer 1900 eine 1000-Meilen-Rallye (1609 km), mit der sie auch der Bevölkerung in den abgelegensten Teilen des Landes die Segnungen des Automobils nahebringen wollen. Rolls gewinnt mit einem Panhard eine Goldmedaille. Die Rallye ist ein großer Erfolg, und Claude Goodman Johnson kann stolz darauf sein, da er als Sekretär des neu gegründeten Automobil-Clubs der Organisator des Rennens ist.

Bestärkt durch seinen Erfolg beschließt Charles Rolls 1902, eine Werkstatt in einem ehemaligen Eispalast in der Seagrave Road, bekannt unter dem Namen „Lillie Hall", aufzumachen. Anschließend eröffnet er ein Geschäft in der Conduit Street 15 in West End. Noch heute ist dies die Adresse der Firma Rolls-Royce in London.

In seiner Werkstatt verkauft er alle möglichen Wagen: Minerva, Panhard, Mors, Clement und auch Zubehör. Rolls ist überall, kümmert sich um alles. Er repariert die Autos, sorgt für die Werbung und erledigt den Papierkram, er ist in der Tat völlig überlastet. Als er einen Teilhaber sucht, um die Sache besser in den Griff zu bekommen, erinnert er sich an die Organisationstalente von Johnson, den er nicht vergessen hat, und so wird die Firma C. S. Rolls und Co. gegründet.

Johnson bewirkt wahre Wunder und sorgt dafür, daß Charles Rolls genügend Zeit hat, sich am Steuer der jeweils besten Autos auf allen europäischen Rennstrecken zu zeigen. Sein Prestige steigt ebenso wie der Ruf seiner Werkstatt. Die Wagen verkaufen sich wie von selbst. Natürlich bekümmert es diesen englischen Aristokraten sehr, daß er Wagen von französischen oder belgischen Marken an gekrönte Häupter und bekannte Persönlichkeiten der guten Gesellschaft verkaufen muß.

Er sucht nach einer guten englischen Maschine, die er seinen Kunden anbieten kann, aber neidlos muß man wohl die damalige völlige Überlegenheit der französischen Automobile anerkennen.

Als sich die Panhards nicht mehr so gut verkaufen, tritt die Wende ein. Am 26. März 1904 findet Charles Rolls in seiner Post einen Brief von Henry Edmunds, einem seiner Freunde, mit denen er den Automobil-Club gegründet hat. Hier der Wortlaut:

„Mein lieber Rolls, ich habe das Vergnügen, Ihnen die Photos und die Beschreibung des Royce-Wagens zu schicken, der — wie Sie sicher zugeben müssen — sehr vielversprechend zu sein scheint. Ich habe nach Manchester geschrieben, um zu erfahren, ob der Konstrukteur Sie in London treffen könnte, um Ihnen seinen Wagen vorzuführen. Da ich weiß, welch großes Talent Herr Royce als Ingenieur hat, habe ich den Eindruck, daß es ganz interessant wäre, seine Produktion zu vertreiben. Ihr Henry Edmunds."

Der betreffende Wagen ist ein Zweizylinder mit 10 PS, und Rolls mag nur Drei- oder Vierzylinder. Also kümmert er sich nicht weiter darum. Um so mehr als Royce sich weigert, nach London zu kommen — er muß zwei Chassis fertigstellen —, selbst wenn er dort den bekanntesten Rennfahrer der damaligen Zeit treffen soll.

Am 29. April lädt Rolls Edmunds nach Manchester ein. Im Zug erklärt er ihm, der in der Geschichte der Firma der „Pate des Rolls-Royce" bleiben wird, daß er gerne eine Automobilmarke mit seinem Namen haben würde, eine englische Marke (die genauso berühmt werden sollte wie die Steinway-Flügel oder die Chubbs-Tresore).

Die beiden künftigen Geschäftspartner treffen sich in einem Zimmer des Midland Hotels in Manchester. In der Tat weiß man nichts über ihr Gespräch, aber als Rolls nach dem Mittagessen den Royce ausprobiert, ist er tief beeindruckt von seinem leisen Motorengeräusch und seiner ruhigen Fahrweise.

Er leiht sich den Wagen für die Heimfahrt. Zurückgekehrt nach London, weckt er noch um Mitternacht Claude Johnson. Ein Zeitzeuge berichtet später von diesem Telefonat:

Rolls: Ziehen Sie sich an, Claude! Ich will Sie auf eine Spritztour in einem neuen Wagen mitnehmen.

Johnson: Eine Spritztour in einem neuen Wagen? Nach Mitternacht? Kann das nicht bis morgen warten?

Rolls: Nein, das kann nicht warten. Ich will, daß Sie den Wagen jetzt sehen. Es ist eines der besten Dinge, die uns jemals passiert sind. Dieser Wagen schlägt den Panhard!

Und Johnson wird mitten in der Nacht auf diese historische, leise Spazierfahrt durch die dunklen, verlassenen Straßen der englischen Hauptstadt mitgenommen. Johnson ist sofort begeistert. Gleich am nächsten Tag setzen sie einen Vertrag auf, um die gesamte Produktion jenes Henry Royce verkaufen zu können. Eine vorläufige Vereinbarung kommt zustande. Die drei Männer beschließen die Zusammenarbeit: Rolls und Johnson haben das alleinige Vertriebsrecht für die Wagen von Henry Royce, die von nun an Rolls-Royce heißen sollen.

25/30 Special Saloon 1936/1938.

20/25 Close Coupled 1929/1935.

Phantom III Sedanca 1936/1939

Phantom II Enclosed Limousine 1929/1935

Silver Wraith Saloon 1938/1939

1928 in einer Allee seines Besitzes von Canadel in Frankreich: Henry Royce mit einem seiner Schöpfungen. Der Wagen ist ein Testmodell des Phantom I. Im Medaillon: Henry Royce um 1930.

Claude Johnson (1864—1926): Als Generaldirektor der Firma reibt er sich bei den ständigen Reisen auf, die er viele Jahre lang zwischen dem Werk und dem französischen Zufluchtsort von Henry Royce unternimmt.

Henry Royce ist der Sohn eines armen Müllers. Man erzählt, daß er mit zwei Jahren, bereits fasziniert ist von der Mechanik und von allem, was sich bewegt. Die Mühle seines Vaters bewundert er über alle Maßen. Eines Tages, als er sich in seiner Begeisterung zu nah heranwagt, wird er von den sich schnell drehenden Flügeln erfaßt. Von den Schreien alarmiert, kann der Vater den Sohn gerade noch retten.

Seine erste Arbeitsstelle — er ist noch ein Kind, denn im Viktorianischen Zeitalter schreckte man nicht davor zurück, Kinder ab dem siebten Lebensjahr in Bergwerken oder Spinnereien arbeiten zu lassen — tritt er als Laufbursche bei W. H. Smith an. Mit neun Jahren verliert er seinen Vater, der an einer Lungenentzündung zwei Jahre nach dem Umzug der Familie nach London stirbt.

Die Armut wird sein Weggefährte, und von da an verachtet er Geld und reiche Leute, selbst als sie ihm später alle zu Füßen liegen. Nach dem Tod seines Vaters verläßt der junge Henry endgültig die Schule und wird Telegrammbote. Man erzählt — aber diese Geschichte ist wirklich mit Vorbehalt aufzunehmen —, daß er mit vierzehn Jahren John Allen Rolls im Londoner Stadtteil Mayfair ein Telegramm überbringt, das diesem die Geburt seines Sohnes Charles mitteilt.

Als er vierzehn ist und bereits eine Reihe kleiner Jobs hinter ihm liegen, bietet seine Tante ihm an, seine Ausbildung in einer Lokomotivfabrik in Peterborough, bei Great Northern Railway, zu bezahlen, denn sie erkennt seine wachsende Leidenschaft für alles, was mit Mechanik zu tun hat.

Der Ausbildungspreis wird auf jährlich zwanzig Pfund festgesetzt. Dafür darf er ohne Lohn und ohne sonstiges Entgelt arbeiten. Er bleibt dort drei statt der fünf vorgesehenen Jahre, weil das Geld dieser großzügigen Tante schneller dahinschmilzt als angenommen. Sei's drum, er kann auf eigenen Füßen stehen, da er das Glück hat, mit Stirling, einem der besten Lokomotivkonstrukteure, zusammenzutreffen. Dieser vermittelte ihm den Sinn für das Schöne, für sorgfältige Arbeit, absolute Präzision und den Wert der Zuverlässigkeit.

Henry Royce fängt in einer Werkzeugfabrik an, wo er wie ein Zwangsarbeiter schuftet.

Doch seine Chance kommt. Er wird in einer Londoner Elektrizitätsfirma angestellt. Dank fortbildender Abendkurse und diverser technischer Vorträge, die er begierig besucht, wird er zum Elektoingenieur der Firma befördert. Obwohl dieses Unternehmen schließen muß und Henry Royce wieder auf der Straße steht, verliert er seine Zuversicht nicht. Er ist einundzwanzig, hat die ganze Zukunft vor sich und in Ernest Claremont einen guten Freund gefunden. Wir schreiben das Jahr 1884, Claremont besitzt fünfzig und Royce zwanzig Pfund. Mit ihren mageren Ersparnissen gründen sie gemeinsam „Royce Limited". Die kleine Firma in der Cook Street in Manchester stellt die verschiedensten elektrischen Geräte her. Die Produktion reicht von Glühfäden für die Lampen jener Zeit, über elektrische Klingeln und Dynamos bis hin zum elektrischen Antriebsystem für Kräne. All diese Erfindungen von Royce, die im Vergleich zu den vorhandenen Produkten verbes-

sert und leistungsfähiger sind, können somit problemlos verkauft werden.
Endlich kommt Geld in die Firma.
Ein neuer Teilhaber, der Buchhalter De Loose, tritt in das Unternehmen ein. Royce leistet sich ein kleines Haus mit einem Garten, den er nachts bei elektrischem Lampenschein umgräbt. Und da er kein Schürzenjäger ist, heiratet er 1893 Minnie Punt, die Schwester der blutjungen Frau von Claremont. Dieser praktische Aspekt wird noch durch die Mitgift der jungen Schwestern verstärkt, die sofort in das Unternehmen gesteckt wird. Aber die Heirat von Henry Royce ist einer der wenigen Mißerfolge seines Lebens: Minnie schenkt ihm keine Kinder; sie trennen sich sehr schnell.
Die einzige große Liebe von Henry Royce sollte später seine Krankenschwester Ethel Laubin sein, mit der er bis zu seinem Tod 1933 zusammenbleibt.
Royce, der niemals Zeit zu verlieren hat, läßt sich seine Erfindungen und Verbesserungen nicht patentieren. Man kopiert ihn, legt ihn herein, begeht geistigen Diebstahl, während England von billigen Dynamos und Kränen aus Deutschland und den USA überschwemmt wird.
Seine Geschäfte gehen weniger gut, und eine Umstellung des Betriebs wird unumgänglich. Als er von einer Reise ins Burenland in Südafrika zurückkommt, kauft er sich mit vierzig Jahren sein erstes Automobil, einen französischen Decauville.
Dieser Gebrauchtwagen ist fast schrottreif, hat laufend Pannen und zeichnet sich überhaupt durch die beunruhigendsten Geräusche aus.
Royce untersucht den Wagen, zerlegt ihn, baut ihn wieder zusammen und nimmt ihn wieder auseinander, bis seine geheimsten Bestandteile für ihn kein Rätsel mehr darstellen. Er macht einen völlig anderen Wagen daraus: Unter seinen magischen Händen wird der Decauville das geräuschärmste und leistungsfähigste Automobil. Henry Royce verkündet seinen beiden Teilhabern, daß die Royce Ltd ihr Glück mit der Fabrikation von Autos versuchen wird und daß die ersten drei davon unverzüglich in Angriff genommen werden sollen.
Ende des Jahres 1903 wird der erste Zweizylindermotor auf ein von ihm entworfenes Fahrgestell gesetzt. Jedes Teil ist mit der Hand geschmiedet, und zwar über demselben Schmiedefeuer, über dem sonst die Würstchen für den Lunch gebraten werden. Tag und Nacht lösen sich die beiden Lehrlinge Haldenby und Platford bei ihrem Chef ab, um die Arbeit an der Maschine voranzubringen. Von Zeit zu Zeit findet man Royce schlafend über seinem Arbeitstisch. Niemals hatte er ein eigenes Büro. Sobald man ihn weckt, zeichnet er wie ein Wilder an seinen Plänen weiter, völlig unempfindlich für den Lärm um ihn herum.

Innerhalb einiger Monate sind die beiden ersten Prototypen fertiggestellt. Den ersten davon probiert Rolls aus und ist begeistert. Er bestellt für den Anfang neunzehn Stück und verbringt die nächsten fünf Jahre am Steuer dieser berühmten, leisen Automobile, präsentiert sie allen, die möglicherweise Kunden sein könnten. Man trifft ihn überall dort an, wo es zum guten Ton gehört, sich zu zeigen. Diese Autos beginnen langsam, die Engländer mit Stolz zu erfüllen: Sie laufen allen anderen Marken des Kontinents den Rang ab. 1904 bietet man vier Modelle unterschiedlicher Leistung an, mit 10, 15, 20 und 30 PS. Bohrung und Hub sind der Einfachheit halber bei allen Modellen gleich, die entweder 2, 3, 4 oder 6 Zylinder haben.
Der erste Rolls-Royce macht sich am 1. April 1904 auf seine „Jungfernfahrt". Genau wie bei uns ist der 1. April in England ein besonderer Tag; man nennt ihn dort den „Tag der Narren". Auf den offiziellen Probefahrtsberichten, die man an die Journalisten verschickt, wird daher das Datum auf den 31. März umgeändert. Der Wagen legt ohne Zwischenfälle eine Strecke von 15 Meilen (24 km) zurück, gefolgt von Claremont, der sich mit seiner Pferdekutsche in sicherem Abstand hält.
Das große Abenteuer hat endlich begonnen.

Einer der drei 1904 gebauten Royce-Wagen, von denen heute noch einer existiert.

1905: Der Rolls-Royce-Stand beim Londoner Automobilsalon auf dem Olympia-Ausstellungsgelände.

Ein Silver Ghost Baujahr 1913.

Absolut unwahre Geschichten!!!

Mehr als jedes andere industrielle Erzeugnis hat der Rolls-Royce die Sehnsüchte, Abneigungen und Leidenschaften der Menschen geweckt. Er ist seit jeher von Mythen, Legenden und anderen Geschichten umgeben, von denen eine sonderbarer und unwahrer ist als die andere.
Gerüchte sind im Umlauf, verbreiten sich sogar in Windeseile, und der Einfaltspinsel, der natürlich nie einen Rolls fahren kann, stürzt sich auf diese Geschichten, zerpflückt sie, schmückt sie aus und verbreitet sie in allen zivilisierten Regionen der Welt, um damit die Naivlinge zu beeindrucken, die noch einfältiger sind als er.
Man könnte diese Aufzählung noch beliebig weiterführen, und genau das möchte ich in diesem Kapitel tun, um Ihnen die Faszination zu verdeutlichen, die diese Marke von Anfang an auf unsere Zeitgenossen ausübte.
All diese erfundenen Geschichten lassen den Hersteller völlig kalt, man bleibt gleichgültig und reserviert. Sie werden weder bestätigt noch widerlegt, aber einige beruhen auf historischen Tatsachen, wie die folgende. Es ist die abgedroschenste Geschichte, die in allen Variationen für verschiedene Modelle immer wieder aufgewärmt wird. In den 30er Jahren wurde sie zum ersten Mal in Umlauf gebracht, und ich habe sie vor kurzem noch im Zusammenhang mit einem Corniche gehört.
Der Besitzer eines wundervollen, nagelneuen Silver Wraith ist auf einer Fahrt durch Südfrankreich und, unglaublicherweise, bricht plötzlich die Kardanwelle (manchmal ist es auch das Getriebe oder der Achsschenkel). Ziemlich verärgert stürzt unser Mann zu einem Telefon und ruft den nächsten Vertreter der Marke an, um ihm sein Mißgeschick mitzuteilen. Dieser verspricht, sofort die nötigen Schritte einzuleiten. Zwei Männer mit Melone eilen von Derby aus mit dem Flugzeug an Ort und Stelle und wechseln in weniger als vierundzwanzig Stunden das defekte Teil aus. Einige Wochen später hat unser glücklicher Besitzer immer noch keine Rechnung erhalten, und da er ein ehrlicher Mensch ist, fragt er schriftlich beim Werk nach. Die Antwort läßt nicht lange auf sich warten: „Wir haben keine Angaben über den Zwischenfall, den Sie ansprechen. Die Kardanwellen von Rolls-Royce brechen nie . . .“ Eine schöne Geschichte, nicht wahr? Und erst die nächste . . .
In den ersten Tagen des Zweiten Weltkriegs ruft eine alte Dame aus Guernesey völlig verschreckt durch die Gewißheit, daß der teutonische Angreifer sich ihres Rolls-Royce bemächtigen werde, in der Conduit Street an, um Hilfe anzufordern. Vierundzwanzig Stunden später erscheinen zwei Männer, ebenfalls mit Melone — es müssen dieselben gewesen sein — vor ihrer Tür. Sie führt sie zu ihrer Garage, und innerhalb kurzer Zeit zerlegen unsere weißbehandschuhten Mechaniker den Twenty in seine Bestandteile, die sie fein säuberlich in Kisten verpacken.
Die Nazis fallen auf der Insel ein, und das Auto bleibt vier Jahre lang gut versteckt in seinen Kisten. Als dann eines schönen Tages die ersten zweihundert englischen Infanteriesoldaten im Hafen von St. Peter anlegen, um die Insel zu befreien, gehen zusammen mit ihnen zwei Männer mit Melone von Bord . . .

Vorherige Seite und oben: Ein falsches Cabriolet 20/25 aus dem Jahre 1936 in einem bemerkenswert gut erhaltenen Zustand.

Unten: Ein Coupé de Ville auf einem Chassis Phantom III von 1936, karossiert von Franay. Es gehört zu einer Sammlung in Nevada.
Bequeme Innenausstattung eines 20/25 aus dem Jahr 1930.

Vor 1933 hat der Rolls-Royce keinen Rückwärtsgang!

Diese Fotos wurden vor einigen Jahren beim Londoner Karosseriehersteller Mulliner Park Ward aufgenommen. Gezeigt werden verschiedene Phasen der Rolls-Royce-Produktion.

Montage der Karosserie auf dem Holzrahmen.

Abschleifen vor der Lackierung.

Feinschliff vor der Endlackierung.

Super-Finish-Kontrolle.

Endmontage und Einbau der letzten Zubehörteile vor den Tests.

Bei Rolls-Royce sind der Phantasie wirklich keine Grenzen gesetzt!

Hier einige Kostproben der unwahrscheinlichsten Kolportage-Geschichten:

Bis 1933 hat kein einziger Rolls-Royce einen Rückwärtsgang. Nach Auffassung von Sir Henry Royce widerspricht er der natürlichen Vorwärtsbewegung des Automobils.

Jede einzelne der weltberühmten Kühlerfiguren „Spirit of Ectasy" wird nach der letzten Feinpolitur in feuchte Tabakblätter eingewikkelt und einundzwanzig Tage lang im Dunkeln gelagert. Diese Praktik wurde 1911 eingeführt. Kein Angestellter des Hauses kennt heute mehr den Grund. Nichtsdestotrotz wird diese Tradition beibehalten.

Jedes einzelne Nummernschild des Silver Spirit wurde von einem Kunststudenten des „College of Art" in Crewe mit der Hand gemalt.

1934 ist der begeisterungsfähige Bürgermeister von Blackpool, Billy Alderman, seiner Zeit weit voraus. Er beschließt, alle Straßenbahnen der Stadt durch Rolls-Royce zu ersetzen. Das Unternehmen läßt dieses schöne Projekt mit dem Hinweis platzen, daß es leider nicht möglich sei, die Rolls-Royce mit einem Stromabnehmer auszurüsten.

Nicht jedermann mag moderne Rolls-Royce. So auch der 37 Jahre alte Roland Poulet aus Clermont-Ferrand, den man im Guiness-Buch der Rekorde auch als den „Abfallmann" bezeichnet. Er ist zur Zeit dabei, einen ganzen Silver Spur, Baujahr 1987, zu verspeisen. Den Reportern erklärte er: „Er schmeckt gut, aber es fehlt ihm ein wenig der delikate Geschmack, den der alte Phantom V noch hatte."

Nach dem Zweiten Weltkrieg stellt Rolls-Royce kurzfristig auch Dreiräder her. Insgesamt werden zweihundert Exemplare gebaut, bevor man die Produktion mangels Nachfrage einstellt und sich wieder den Autos zuwendet. Die „besten Dreiräder der Welt" gehören heute zu den bei Sammlern am meisten gefragten Rolls-Royce-Fahrzeugen.

Die Klimaanlage der Silver Spirits ist so raffiniert konzipiert, daß der Fahrer zwischen zehn Duftnoten wählen kann. Zu den gelungensten Kompositionen gehören „Spät abends auf der Promenade des Anglais", „Sonntag morgen an der Küste von Bournemouth" und „Spaziergang auf den Champs-Élysées an einem verschneiten Wintertag".

1939 werden Hitlers Bemühungen, den einzigen Wraith des Dritten Reichs zu erwerben, vom deutschen Vertragshändler zunichte gemacht. Auf Anordnung des Werks wird der lange zuvor bestellte Wagen nach Polen geliefert. Hitler nimmt die Verfolgung des Rolls auf. Nach fünfhundert Kilometern passiert der Wagen die Grenze, gefolgt von einer Panzerdivision. Man schreibt den 1. September. Der Rest ist Teil der Geschichte.

Chauffeure der Rolls-Royce-Schule werden verpflichtet, nach dem Diplom einen neuen Nachnamen anzunehmen, der nur während der Dienstzeit verwendet wird. Zur Auswahl stehen die Namen der ersten Chauffeursriege aus der Anfangszeit von Rolls-Royce: Cartwright, Crawford, Felpin, Oakes, Swandling, Tidmarsh, Wiggins und Xianapopoulos . . .

Einmal überrascht Henry Royce einen jungen Mechanikerlehrling dabei, als er zur Kontrolle der Maße des Kühlers einen Rechenschieber benutzt. Außer sich vor Wut und voller Unverständnis ob der Verwendung dieses künstlichen Hilfsmittels, erschlägt er mit demselben den jungen Mann. Die Affäre wurde vertuscht, und das Unternehmen zahlt heute noch an die Familie eine fürstliche Rente.

Zwanzig Jahre nachdem der Maharadscha von Nohrapur 1929 seinen Phantom I gekauft hatte, schickte er eine kleine Urne nach Crewe mit der Asche eines gewissen Wilfred Crampton, Testfahrer bei Rolls-Royce. Offensichtlich hatte Wilfred im Fond ein leichtes Klopfen vernommen. Kurz bevor der Wagen das Werk verließ, war er für eine letzte Überprüfung in den Kofferraum gestiegen, aber zufällig schloß sich der Kofferraumdeckel geräuschlos über ihm. Da er dem Käufer keinen Anlaß zu Unzufriedenheit oder gar Ärger über seine Anwesenheit im Kofferraum geben wollte, hauchte er still sein Leben aus. Selten hat man ein größeres berufliches Pflichtbewußtsein erlebt. Als man sich darüber verwundert zeigte, daß bis zur Rückgabe so viel Zeit verstrichen war — immerhin zwanzig Jahre — verwies der Maharadscha lakonisch darauf, daß er seinen Kofferraum nur sehr selten benutze.

Zum Schluß dieses nahezu unerschöpflichen Kapitels noch eine Geschichte, die Onassis zugeschrieben wird:

Aristoteles Onassis und Stavros Niarchos aßen in New York zusammen zu Mittag. Diese Mahlzeit verlief, so wird erzählt, ein wenig feuchtfröhlich. Der Verdauungsspaziergang führt die beiden Männer vor das Schaufenster eines bekannten Autohändlers für Luxuswagen. Neugierig betreten sie den Laden, nachdem sie zwei tolle Rolls-Royce im Schaufenster gesehen haben. Sie kaufen sie zum Spaß, und der Verkäufer kann es gar nicht fassen, daß er zwei Corniche auf einmal verkauft hat. Niarchos zieht sein Scheckheft heraus und macht Anstalten, die Rechnung zu übernehmen. „Nein, nein, Stavros", sagt da Onassis. „Laß mich das machen, ich bin an der Reihe. Du hast schon das Mittagessen bezahlt . . ."

Kleines Bild: Ein von Brewster 1929 karossierter Phantom I bei einem Oldtimer-Wettbewerb. Er gehört einem Sammler in Beverly Hills.

Mitte: Ebenfalls in Amerika, ein Phantom II „Close Coupled". Er wurde 1934 von Barker entworfen.

Unten: Ein anderer Phantom I aus dem Jahr 1930. Dieser Wagen kommt aus England.

Der Wagen, der so leise ist wie sein eigner Schatten, hat im Verlauf seiner glanzvollen Geschichte zahlreiche Abenteuer erlebt, von denen eines erstaunlicher, aufregender, seltsamer oder unglaublicher ist als das andere. Aber die nun folgenden sind wirklich authentisch:

„Ärzte behaupten, der Rolls-Royce sei als einziger kraftstoffbetriebener Wagen so leise, daß Patienten weder bei der An- noch bei der Abfahrt auch nur im geringsten gestört würden." (Rolls-Royce-Werbung, 1910)

Seit jeher wahrt Rolls-Royce das Geheimnis um die maximale Motorleistung seiner Wagen. Ebenso wie Coca-Cola niemals seine Zauberformel preisgibt. Auf die Frage nach der genauen Leistung erhält man immer die gleiche diskrete und höfliche, aber ausweichende Antwort: „Ausreichend, mein Herr, ausreichend . . ."

Im Rolls-Royce-Werk sind auch heute noch Hinweisschilder zu sehen, die den Besucher warnen: „Vorsicht geräuschlose Automobile!"

1937 kauft H. E. Symonds in Derby eine fabriksneue Phantom-III-Limousine. In vierzehn Tagen legt er die 9.406 Kilometer nach Nairobi zurück. Dann fährt er weitere 800 km, um an die Küste zu gelangen. Nicht unbedingt eine gemütliche Reise! Er durchquert Sandstürme, heftige Gewitter und undurchdringliches Gestrüpp. Oft sind nicht einmal mehr Straßen vorhanden. Kurz und gut, kaum in Nairobi angekommen, macht er sich erneut auf den Weg, um die Sahara und das Atlasgebirge zu überqueren. Nachdem er sich so einen Traum erfüllt hat, kehrt er ins „liebliche Britannien" zurück. Nach 19.308 Kilometern wird der Wagen von den Ingenieuren und Technikern bei Rolls-Royce überprüft. Erste Feststellung: Seit der Abreise wurde kein Tropfen Wasser nachgefüllt, der Kühler ist voll. Noch außergewöhnlicher ist, daß keinerlei Spiel in den Teilen der Lenkung, bei den Bremsen, auch nicht an der Vorderachse etc. festzustellen ist. Die Park-Ward-Karosserie, ein geräumiger, hoher Viertürer mit drei Fenstern auf jeder Seite, ist immer noch genauso wasser- und staubdicht. Auch hier ist keinerlei Spiel festzustellen: Die Türen schließen wie am ersten Tag dieser abenteuerlichen Reise . . .

Im Silver Spirit geht die Innenbeleuchtung automatisch an, wenn man die Türen öffnet und erlischt erst sieben Sekunden nachdem man sie geschlossen hat. Aus verständlichen Gründen sind Wagen, die in heiße, vom Terrorismus heimgesuchte Länder geliefert werden, nicht mit dieser Vorrichtung ausgestattet.

Bei den nach Indien exportierten Wagen wird in den zwanziger Jahren statt der üblichen Klaxon-Hupe eine leisere von Bosch eingebaut, um die Heiligen Kühe nicht zu erschrekken.

Ein Rolls-Royce hat keine Panne, er „hört auf zu fahren" . . . der feine Unterschied!

Der Kühlergrill wird ausschließlich von Hand gefertigt. Das Auge des Handwerkers ist dabei das einzig erlaubte Maßinstrument — Tradition verpflichtet. Jeder Handwerker graviert seine Initialen auf der Innenseite ein. Für die Herstellung eines einzigen braucht man einen ganzen Tag, plus fünf Stunden für die Politur. Von den zwölf eigens hierfür angestellten Spezialisten hat jeder seinen eigenen Stil und ist auch in der Lage, seine Arbeit wiederzuerkennen, wenn er einen Rolls-Royce auf der Straße sieht. Für alle, die mit dem Gedanken spielen, den Kühlergrill von Rolls-Royce in irgendeiner Weise abzukupfern, sei zum Schluß noch angemerkt, daß er seit 1974 ein weltweit geschütztes Markenzeichen ist. Wie das „Klick-klack" von Kodak oder das Fischgrätenzeichen von Citroën.

Die berühmten Beamten von Scotland Yard besitzen zwei gepanzerte Rolls-Royce („Sie fahren aber ohne Blaulicht auf dem Dach", erklärt uns der Public-Relations-Chef mit ernster Miene . . .).

In einem modernen Rolls-Royce wird es Ihnen nie passieren, daß sich beim Öffnen des Aschenbechers sein appetitlicher Inhalt über den Teppich ergießt. Er wird nämlich automatisch entleert — da mußte man erst einmal draufkommen!

Die Aufhängung des Silver Spirit ist so empfindlich, daß der Ausgleich der Fahrzeughöhe beim Füllen des Tanks deutlich erkennbar ist.

Jeder moderne Rolls-Royce hält angeblich problemlos das Gewicht eines großen afrikanischen Elephanten aus. Es wird jedoch von der Muttergesellschaft nicht unbedingt empfohlen, das Experiment nachzustellen.

Auf die Frage: „Mit welcher Geschwindigkeit läuft das Montageband?" erwiderte einer der ersten Direktoren einmal phlegmatisch: „Ich glaube, mich erinnern zu können, daß es sich letzte Woche bewegte . . ."

1910 baut Henry Royce einen Prüfstand, mit dem man einen Wagen innerhalb eines Tages um fünf Jahre altern lassen kann.

Sie wissen wahrscheinlich, daß man sich in England die Autokennzeichen kaufen und somit seine Initialen, seinen Namen oder jede andere gewünschte Kombination bekommen kann. Die niedrigsten Nummern sind am begehrtesten und folglich auch am teuersten. Diese Sonderwünsche liest man häufig im Anzeigenteil von Fachzeitschriften. Es gibt sogar Agenturen, die von solchen Spezialaufträgen leben. 1986 soll das Kennzeichen RR 1

Linke Seite und oben: Für die perfekte Maßarbeit nimmt sich der Polsterer viel Zeit.

Ein Modellschreiner bereitet die Nußholzverkleidung für das Armaturenbrett vor.
Bild darunter: Die Vorderbremsen werden angebracht.

Auf der folgenden Doppelseite: Ein Silver Shadow I aus dem Jahr 1966, der größte kommerzielle Erfolg der Nobelmarke. Er bleibt von 1965 bis 1976 in Produktion.

RR 1966

Ein Phantom IV Landaulet, der Wagen der Könige und Präsidenten par excellence. Es handelt sich um das größte aller Rolls-Royce-Modelle. Auf der Basis eines Silver Wraith mit verlängertem Radstand und 8-Zylinder-Motor wird das erste Exemplar für Prinzessin Elisabeth angefertigt.

Ein Phantom V Landaulet aus dem Jahr 1960. Dieser Wagen fährt im Dienste Ihrer Majestät der Königin von England. Er hat eine schwarz-braune Lackierung, ein zurückklappbares Verdeck und Innenbeleuchtung. Gewicht 2.540 kg, 8-Zylinder-V-Motor, geschätzte Leistung ca. 200 PS bei 4.500 min^{-1}.

zu einem Preis verkauft worden sein, der weit über dem des dazugehörigen Silver Shadow lag.

Als der Camargue der internationalen Presse vorgestellt wird, steht die Präsentation unter keinem guten Stern. Von den zwölf für Pressetests nach Sizilien geschickten Wagen, werden sieben von, sagen wir, ein wenig ungestümen Journalisten beschädigt. Einer der Unfälle ist wirklich denkwürdig: Als der Fahrer einem mit überhöhter Geschwindigkeit fahrenden Lastwagen ausweichen will, steuert er den damals 87.000 Pfund schweren Wagen durch eine abrupte Lenkbewegung gegen eine Mauer. Nachdem er ihn zum Stehen gebracht hat, herrscht beklemmendens Schweigen. Der Public-Relations-Beauftragte der Nobelmarke, Dennis Miller Williams, durchbricht schließlich die Stille und bittet völlig gelassen um eine Zigarette.

In einem gewöhnlichen Haus werden durchschnittlich 183 m elektrische Leitungen verlegt, in einem Silver Spirit befinden sich dagegen 1.600 m.

1942 fahren in Blackpool fast ausschließlich Rolls-Royce-Taxis.

Die Klimaanlage der Wagen aus Crewe kostet so viel wie ein Austin Metro. Die Luft wird dreimal pro Minute umgewälzt.

Alle Scheiben eines Rolls-Royce werden mit einem besonders feinkörnigen Bimsstein, wie man ihn sonst nur in der optischen Industrie zum Schleifen der Linsen von Präzisionsinstrumenten verwendet, poliert.

General Motors produziert ungefähr 100.000 Autos in drei Tagen. Rolls-Royce brauchte für die gleiche Anzahl über achtzig Jahre. Dafür werden aber 65 Prozent aller jemals gebauten Rolls-Royce noch heute gefahren.

Der Silver Ghost hat neunundneunzig Schmierstellen. Dank eines genialen Zentralschmiersystems wird von einem Punkt aus das Schmiermittel an die wichtigsten Stellen gedrückt.

Zum Abschluß dieses Kapitels soll noch die Chauffeur-Schule des Unternehmens erwähnt werden.

Die „Rolls-Royce Chauffeur's School" könnte man als „Elitehochschule der Fahrkunst" bezeichnen. Die Schüler, selbstverständlich handelt es sich um wahre Musterbeispiele dieses Berufszweigs, lernen neben den Feinheiten der Fahrkunst auch, wie man sich in den ungewöhnlichsten Situationen zu verhalten hat, z. B. bei einer Entführung oder einem

Ein Phantom VI Limo (Limousine). Er unterscheidet sich in technischer Hinsicht nur geringfügig vom vorherigen Modell.

Oben: Der Silver Wraith, der erste Rolls-Royce der Nachkriegszeit, wird von Hooper als Reiselimousine karossiert. Mit einem Gewicht von 2 Tonnen erreicht er 135 km/h. Von 1947 bis 1959 werden 1.780 Exemplare hergestellt. Unten: Der Silver Dawn kommt 1949 für den amerikanischen Markt heraus (1955 wird die Produktion eingestellt). In England ist er nur 1953 zu erwerben. Er hat einen 6-Zylinder-Reihenmotor, Vierganggetriebe, eine Spitzengeschwindigkeit von 140 km/h bei 4,5 l und wiegt 1.620 kg. Insgesamt werden 760 Exemplare hergestellt.

Der Phantom V wurde 1977 für die Königin von England gebaut — ein Geschenk der britischen Automobilindustrie. Es ist kaum erkennbar, aber das Dach ist hinten durchsichtig. Ein kleines Detail am Rande: Das Sitzpolster von Prinz Philip ist härter als das der Königin, denn das Protokoll schreibt vor, daß der Prinz immer größer als die Königin wirken muß! Ein weiteres Detail: Die Stoßfänger können abgenommen werden. Somit paßt der Wagen auch in der Garage der königlichen Yacht Britannia.

terroristischen Anschlag. Perfekte Umgangsformen sind Voraussetzung für diesen Job. Grundsätzlich muß der Chauffeur dem Fahrgast den Schlag öffnen, wobei die rechte Hand wie zum Gruß die Mütze der Livree berührt. Gleichzeitig muß er ihn mit „Gnädiger Herr" oder „Gnädige Frau" (im Englischen „Sir" oder „Madam") ansprechen, es sei denn, sie haben einen Titel. Das Ritual dieser Zeremonie ist einigermaßen kompliziert! Zu einem Rechtsanwalt sagt ein perfekter Chauffeur: „Der Wagen ist vorgefahren, Herr Rechtsanwalt . . .", zu einem Botschafter: „Der Wagen Eurer Exzellenz . . .". Einen Bischof redet er ebenfalls mit Exzellenz an (seit 1967 ist statt dessen „Vater" üblich), und bei einem Kardinal heißt es dann „Ja, Eure Eminenz . . ." (seit 1967 ist auch Herr Kardinal möglich). Sollte er einmal den Großherzog von Luxemburg fahren, spricht er ihn mit „Durchlaucht" und seine Gemahlin mit „Eure königliche Hoheit an . . ." Der Papst wird mit „Seine Heiligkeit" angesprochen. All diese Empfehlungen stehen in der sogenannten Chauffeurbibel „The Rolls-Royce Chauffeur's Guide", die zum Beispiel alle Chauffeure des englischen Königshauses auswendiggelernt haben.

Wenden wir uns nun einer Dame zu, die den Rolls-Royce-Besitzern lieb und teuer ist, obwohl sie ihnen den Rücken zuwendet: „The Flying Lady" oder „The Spirit of Ectasy" (zu deutsch die „Fliegende Dame" oder der „Geist der Verzückung").

ROLLS
ROYCE
«The Spirit of Ectasy»
ROLLS

„The Spirit of Ectasy" in vollem Glanze. Das rechte Foto zeigt eine Kühlerfigur auf archivierten Geschäftsauszügen.
Unten: Eine Originalzeichnung von Charles Sykes. Es handelt sich um eine Vorstudie zur Kühlerfigur.

Auf einem Silver Ghost erscheint 1911 zum ersten Mal der am besten wiederzuerkennende „Kühlerstöpsel" der Welt — was für eine schreckliche, für einen Banausen typische Bezeichnung! Dieses Maskottchen auf dem Kühler stellt eine junge Frau dar, die mit ausgebreiteten Flügeln dahinzuschweben scheint. Eine diskrete, aber deshalb nicht minder dramatische Liebesgeschichte liegt dieser Figur zugrunde.

Claude Johnson, einer der Leiter des Unternehmens, hat als Sekretär des Britischen Automobil-Clubs in der ebenso charmanten wie tüchtigen Eleanor Thornton eine wertvolle Mitarbeiterin. Verständlich, daß ihr die Männer den Hof machen. Zu ihren Verehrern gehört auch ein Freund von Charles Rolls, ein gewisser John Scott Montagu, natürlich Milliardär und Erbe des Titels seines Vaters, des ersten Lord Montagu of Beaulieu. Obwohl er verheiratet und Familienvater ist, stellt er im Februar 1902 die schöne Eleanor als „Privatsekretärin" bei der Zeitung The Car Illustrated an, die er damals gegründet hat.

Zwischen den beiden entwickelt sich eine lange, zärtliche Beziehung, eine Liebesgeschichte, wie sie im Buche steht — mit einem Touch zur kitschigen Romantik. Am 5. April 1903 schenkt die Sekretärin dem englischen Lord eine Tochter.

Als die Geliebte stirbt — unter Umständen, die der Leser später noch erfahren wird — schreibt der zweite Lord Montagu of Beaulieu einen Brief an seine Tochter. Erst 1929, vierzehn Jahre nach dem Tode ihrer Mutter, wird sie ihn lesen. Hier ein Auszug daraus:

„Wenn Du diesen Brief öffnen mußt, dann deshalb, weil ich wahrscheinlich nicht mehr auf dieser Welt weile, um Dir gewisse Dinge mitteilen zu können. Bei meiner täglichen Arbeit war ich einer der Vorreiter der Motorisierung, und Deine Mutter war die Sekretärin von Claude Johnson.

Sie begann, meine Gefühle für sie zu spüren und sie zu erwidern. Schließlich wurde sie meine Sekretärin bei der Zeitung The Car. Sehr schnell entdeckten wir füreinander jene starke Leidenschaft, die uns all unsere Skrupel ver-

Charles Sykes, porträtiert von James Grant.

Auf einem Silver Ghost erscheint die berühmte Kühlerfigur zum ersten Mal.

gessen ließ. Nichts konnte unsere Liebe aufhalten."
Die junge Sekretärin sieht ihre Tochter nur ein einziges Mal in ihrem Leben. Lord Montagu befürchtet zu Recht einen riesigen Skandal, falls ihre Beziehung aufgedeckt wird. So gibt er seine Tochter in die Obhut einer Amme, sorgt aus der Ferne für ihr Wohlergehen und besucht sie regelmäßig als „Onkel John".
Bei der Zeitschrift The Car Illustrated arbeitet auch der talentierte Zeichner Charles Sykes, der sich gerne als Bildhauer vorstellt. Auch er interessiert sich für die junge Frau. Die erste Scheu ist schnell überwunden, und die kontaktfreudige Sekretärin kommt oft in sein Atelier, um ihm Modell zu stehen.
Als Charles Sykes eines Tages von Montagu Claude Johnson vorgestellt wird, offenbart er ihm seine Bewunderung für die Rolls-Royce-Wagen und deren erstaunlich leise Fahrweise.

Das zunächst rein freundschaftliche, dann aber geschäftliche Gespräch nimmt schließlich eine historische Wendung: Claude Johnson gibt dem Bildhauer grünes Licht für eine Skulptur, in der dieser seinen Impressionen über Rolls- Royce Ausdruck verleihen soll.
Diese Auftrag hat seinen guten Grund: Manche Rolls-Royce-Besitzer, denen ihr Reichtum leider keinen besseren Geschmack beschert hat, schmücken ihren Silver Ghost mit lächerlichen, billigen Maskottchen: Ein gerade geschlüpftes Küken, das noch einen Teil der Schale auf dem Kopf hat, ein „Bobby" mit erhobenem Stock, ein Flugzeug, dessen Propeller sich im Wind dreht, eine Taucherin mit entblößtem Hinterteil bei einem wundervollen Kopfsprung oder jene entsetzliche Bulldogge, die an ihrer Kette zerrt . . . zum Glück hebt sie wenigstens nicht die Pfote.
Wie kann man zulassen, daß das teuerste und beste Auto der Welt von diesen billigen, bunt zusammengewürfelten und geschmacklosen Figuren ins Lächerliche gezogen wird? — Nach seiner Begegnung mit Sykes ist Claude Johnson daher überglücklich: Man würde seine Wagen nicht mehr entstellen können.
Der Bildhauer beschreibt sein Werk später folgendermaßen: „Eine anmutige kleine Göttin, welche die Reisen auf Erden zum höchsten Genuß erkoren hat. Sie hat sich auf dem Bug eines Rolls-Royce niedergelassen, um sich vom harmonischen Flattern ihrer Flügel im frischen Fahrtwind berauschen zu lassen. Sie verleiht ihrer Freude Ausdruck, indem sie die Arme ausbreitet und ihren Blick auf den Horizont richtet . . ."

Lange Versuche waren für die Entwicklung des Kippsystems der Kühlerfigur nötig, damit bei einem Unfall keine Gefahr von ihr ausgeht.

Eleanor Thornton, die „Privatsekretärin" von Lord Montagu, auf dem Trittbrett eines Silver Ghost. Unten: „Arrival at a country house", ein Werk von Charles Sykes aus dem Jahr 1909.

Es ist immer noch nicht erwiesen, daß die romantische Sekretärin wirklich „The Flying Lady" ist. Sogar Charles Sykes eigene Tochter bestreitet dies heftig. Dennoch deutet alles darauf hin. Ihr Leben war wie ein Märchen, ihr Tod tragisch — so geht sie ein in die Legende von Rolls-Royce.

Am 30. Dezember 1915 begibt sich Lord Montagu, der 1914 wie alle anderen einberufen wurde, in die Indische Kronkolonie, wo er den Posten eines Inspektors für motorisierte Fahrzeuge bekleidet. Er kommt eigens zurück, um seine Geliebte zu holen. Sie schiffen sich auf der „S. S. Persia" ein.

Auf dem Weg nach Port-Saïd wird das Schiff auf der Höhe von Kreta von einem deutschen U-Boot torpediert. Sie befinden sich gerade im großen Salon und haben keine Zeit mehr, auf die Rettungsboote zu gelangen, da das Schiff bereits zu sinken beginnt. Hand in Hand springen sie in die Fluten und werden von der stürmischen See hinabgezogen. Der vorsichtige Lord Montagu hatte während der ganzen Überfahrt seine Rettungsweste an. Sie war von ganz besonderer Art, da man sie ohne weiteres ständig am Körper tragen und im Notfall aufblasen konnte. Außerdem war ihre Schwimmfähigkeit besser als die der anderen gewöhnlichen Westen aus Kork.

In London löst die Nachricht vom Schiffbruch große Bestürzung aus. Der von Lord Northcliffe persönlich verfaßte Nachruf für Montagu erscheint unverzüglich im Daily Mail.

Doch dank besagter Rettungsweste überlebt der englische Lord, während seine Gefährtin für immer in den Fluten verschwunden bleibt. Drei Tage nach dem Unglück trifft die Nachricht über sein Wiederauftauchen schließlich in der Hauptstadt ein. — Die Tochter, die aus dieser Verbindung hervorging und inzwischen verstorben ist, führte ein ganz normales Leben und lüftete niemals den Schleier ihrer ungewöhnlichen Abstammung.

Doch zurück zur Kühlerfigur. Es werden ungefähr zehn verschiedene Modelle aus diversen Metallen angefertigt, sogar aus Plastik für die verrückten Amerikaner.

Der Bildhauer und der Konstrukteur treffen eine vertragliche Vereinbarung: Der Schöpfer der „Spirit of Ectasy" wird einziger Hersteller und Lieferant aller Kühlerfiguren. Bis 1948 sind Sykes und sein kleines Handwerkerteam mit der Lieferung der allesamt handgefertigten Figuren betraut. Dann beschließt Rolls-Royce, sie selbst herzustellen.

Heute fällt dies in den Aufgabenbereich der „Rolls-Royce Precision Components Division", die darüber hinaus Teile für Flugzeugmotoren produziert. Anzumerken ist noch, daß für die Feinpolitur immer Kirschkernpulver verwendet wird.

Von 1911 bis 1928 überprüft Charles Sykes persönlich jede einzelne Kühlerfigur. Alle die nicht genau seinen Vorgaben entsprechen, werden sofort wieder eingeschmolzen.

Jede Kühlerfigur wird nach der alten Methode des sogenannten „verlorenen Wachsmodells" hergestellt. Hierzu fertigt man ein Wachsmodell an, indem man flüssiges Wachs in eine der Originalskulptur nachgebildeten Form gießt. Ist diese Wachsfigur erkaltet, entnimmt man sie der Form und legt letzte Hand an sie an. Die Figuren sind also nie völlig identisch. Diese kleine Statue umgibt man dann mit Gips. Durch ein Loch wird schließlich geschmolzenes Metall hineingegossen, welches das somit wieder flüssig gewordenen Wachs verdrängt. Nach dem Erkalten scheint die endgültige Figur bis ins Detail, oder zumindest fast, dem Original zu entsprechen.

Das Datum auf den verschiedenen Modellen gibt jeweils den Tag an, an dem Sykes sie vollendete. Die ersten tragen die Inschrift „Charles Sykes, February 1911". Man kann auch ein „Feb 6, 1911" oder „6. 2. 11" finden. Diese Änderungen wurden nur aus Gründen der schnelleren Herstellung vorgenommen.

Bis 1940 sind die Kühlerfiguren der sogenannten „knienden Frau" mit der Inschrift „C. Sykes 26. 1. 34" versehen.

Die Kühlerfiguren des Silver Ghost der Baujahre 1911 bis 1914 sind die größten von allen (sie messen sieben Zoll, oder 17,78 cm — die heutigen messen fünf Zoll, oder 12,7 cm) und die einzigen mit Silberdoublé. Dies ruft eine Art Kleptomanie hervor, da sie im Volksglauben aus massivem Silber bestehen. In der Tat gab es auch Figuren aus massivem Gold oder Silber, aber nur auf Sonderbestellungen der Kunden.

Es ist verboten, eine Rolls-Royce-Figur im Original oder als Nachbildung auf ein anderes Auto zu setzen, da sie aus jeder Perspektive als Markenzeichen eingetragen ist.

Dennoch zögern manche Großen dieser Welt nicht, auf ihrem Rolls-Royce ihren eigenen Fetisch anzubringen.

Der amerikanische Präsident Woodrow Wilson setzte eine kleine Statue des Tigers von Princeton auf seinen Kühler, der Herzog von Gloucester einen Raubvogel, der sich auf seine Beute stürzt. In den zwanziger Jahren wurde ein Wagen an den Maharadscha von Bharatpur geliefert, der mit dem Hindu-Gott Hanuman aus massivem Silber, geschmückt war. Noch mehr vom Größenwahn befallen war der Kinderstar Jackie Coogan. Sie ließ eine Kühlerfigur anfertigen, die sie selbst in ihrer größten Rolle zeigte (Le Kid mit Charlot).

Noch verrückter ist der Wagen eines Millionärs, der 1979 im Daily Mirror abgebildet wird. Sein Besitzer, der sogenannte „Fleischkönig", ersetzte die Flying Lady seines Silver Spirits durch die Nachbildung einer ganz gewöhnlichen Wurst aus Silber! Als die Firma Rolls-Royce darauf angesprochen wird, lautet die lakonische Antwort wie immer, daß der Geschmack der Kunden nun einmal so sei und hierzu kein Kommentar abgegeben werde. Was müssen sie erst von unserem Werbefachmann Jacques Séguéla denken, der seinen Rolls-Royce mit einer knallig farbenen Plastikente ausstaffiert hat!

„Arrival at the meet", ein anderes Werk von Sykes, das im Katalog von 1910/1911 zu finden ist.
Unten: Der Hl. Georg als Drachenkämpfer schmückt den Kühler des Wagens der Königin von England.

Einzig und allein Ihre Majestät, die Königin von England konnte ihre Kühlerfigur mit dem Einverständnis von Rolls-Royce gegen eine andere austauschen. Für offizielle Fahrten und verschiedene Zeremonien wird eine Figur angebracht, die den Hl. Georg als Drachentöter darstellt. Bevor jedoch das Modell des Hl. Georgs definitiv gebilligt wurde, mußte es noch einmal eingeschmolzen werden, da Vibrationstests eine Schwachstelle in der Lanze des Hl. Georgs zeigten.
Die einzige von Rolls-Royce genehmigte Kopie der Flying Lady ist die Miniaturnachbildung auf der Schweizer Corum-Uhr. Es handelt sich um ein wunderbares goldenes, mit Diamanten eingefaßtes Schmuckstück, das den Kühlergrill eines Rolls-Royce mit seinem kleinen Maskottchen darstellt. Die vorschriftsmäßig patentierten Uhren werden für 6.000 Pfund Sterling verkauft.
Nur äußerst selten erteilt der Konstrukteur eine Genehmigung für die anderweitige Verwendung seines Namens oder eines seiner Symbole. Es müssen schon triftige Werbegründe dafürsprechen, wie bei der Corum-Uhr oder bei den Rolls-Royce-Modellautos. „Immerhin", so erklärte einer der Direktoren mit einem Anflug von britischem Humor, „ist es nicht wünschenswert, daß die Kinder in ihren Träumen eine andere Automarke fahren . . ."
Mit Zustimmung der Firma erlaubt Henry Royce ein einziges Mal in seinem Leben jemandem, mit seinem berühmten Namen zu werben: Der Motorradhersteller „Brough Superior" darf sein Produkt als den „Rolls-Royce der Motorräder" anpreisen.
Eine eingehende Überprüfung dieser Motorräder hat Royce nämlich davon überzeugt, daß dies seinem Unternehmen nur zum Vorteil gereichen kann.
Einige Markenpiraten gehen jedoch zu weit. 1947 führt die Rolls-Razor Compagny, die Rasierapparate produziert, wegen Mißbrauchs und Nachahmung ihres Namens einen Prozeß gegen den Feuerzeughersteller Rolls-Lighter. Der Richter schickt beide unversehrter Dinge nach Hause. Begründung: Es sei wohl eher an Rolls-Royce, die beiden Parteien zu verklagen.
Der erste von Rolls-Royce angestrengte Prozeß war 1922. Ein gewisser Jack Warner, Testfahrer bei dem französischen Konstrukteur Sizaire-Berwick, berichtet davon in seiner Autobiographie.
Rolls-Royce ging gegen seinen Arbeitgeber gerichtlich vor, da der Kühlergrill dieser französischen Firma wirklich eine exakte Kopie desjenigen von Rolls-Royce war. Die Engländer gewannen, und der Franzose war gezwungen, seinen Kühlergrill zu ändern. Doch damit nicht genug: Fast siebenhundert Fälle jährlich muß die dafür zuständige Abeilung der Firma mit Entschlossenheit verfolgen, um ihre Mar-

ROLLS

Linke Seite: Erst nach langem Polieren erhält man diesen Glanz, der leider nur von kurzer Dauer ist. Oben: Bei den Rolls-Royce-Treffen in England kann man kurzzeitig ein wahres Museum bewundern. Die Liebhaber können dort Tips und Ersatzteile austauschen.

kenzeichen und Patente zu schützen. Die Betrüger sind gerissen, und die Ergebnisse ihres grenzenlosen Erfindungsreichtums würden das wahrscheinlich amüsanteste Museum ergeben.

Hier einige unter Hunderten ausgewählte Beispiele:

Vor kurzem bot ein Zubehör-Hersteller in London einen Bausatz an, dessen Einzelteile man an großen Austin-Limousinen anbringen und diese somit in ganz ansehnliche Rolls-Royce verwandeln kann. Diese Wagen können dann als Mietwagen für Hochzeiten, Empfänge, Stadtbesichtigungen für Touristen etc. verwendet werden. Besagter Bausatz beinhaltet einen Kühlergrill, die Scheinwerfer mit dem doppelten R-Emblem, die Radkappen und — was noch raffinierter ist — die Typenschilder, um die Austin-Originale zu ersetzen. Man kann mit Sicherheit behaupten, daß ein Käufer vom Kontinent, der nicht allzu gut über die Nobelmarke Bescheid weiß, hier in seiner Begeisterung über so einen Glückskauf blindlings zugreifen würde! Die Autoverleiher ihrerseits reiben sich bereits die Hände, da sich der Mietpreis für die mit einem Rolls-Royce-Bausatz ausstaffierten Austin verdoppelt. Die Enttäuschung bei den unsauberen Geschäftemachern ist groß, als die Untersuchungsbeamten der berühmten Firma nach drei Wochen den Bausatzhersteller ausfindig machen und ihm eine gerichtliche Vorladung zustellen.

Einige Arten der Verwendungen können zwar nicht gerichtlich verfolgt werden, sind in den Augen der Engländer jedoch absolut schockierend. Ich denke hier z.B. an jenes unglaubliche Foto, das im amerikanischen Männermagazin Chic unter dem Titel „Ass with class“ erschienen ist. Es zeigt eine sehr schöne, entblößte junge Frau von hinten, die rittlings auf dem Kühlergrill eines Rolls-Royce „sitzt“. Das Maskottchen ist zur Hälfte irgendwohin verschwunden . . .

Ein Gerichtsurteil unterbindet die Aktivitäten eines Produzenten und Pornofilmhändlers, der einen wunderschönen, dem berühmten Kühlergrill nachgebildeten Koffer für Filmkassetten hergestellt hat, die er als „die Rolls-Royce der Videofilme für Erwachsene“ präsentiert.

Lewis Gaze, der Anwalt von Rolls-Royce, erklärt zur Rechtfertigung seiner unerbittlichen Jagd auf Markenpiraten bei einem Interview den Standpunkt seines Kunden: „Man muß schon Polizei spielen, um seine Marke zu schützen, sonst könnte man sie leicht verlieren. Rolls-Royce hat sich in achtzig Jahren seinen Ruf und unser Image aufgebaut. Sie werden doch nicht glauben, daß die Firma zusieht, wie irgendein dahergelaufener Unternehmer auf ihre Kosten im Handumdrehen zu Geld kommt . . .“

„Englisch sein oder nicht sein“ wird für Rolls-Royce zur existenziellen Frage. Den Firmenstatuten zufolge wird nämlich der Name des berühmten Unternehmens ausgelöscht, sobald es nicht mehr in englischer Hand ist.

Testfahrt mit einem Silver Cloud von 1959

Ein Silver Dawn aus dem Jahr 1954. Der Vorgänger des Silver Cloud ist der erste Rolls-Royce mit einer reinen Stahlkarosse.

„Der Wagen ist für den Durchschnittsmenschen ein wenig teuer." Dies war am 15. Januar 1959 der Kommentar einer führenden Autozeitschrift. Im folgenden Auszug die besten Passagen über diesen außergewöhnlichen Rolls-Royce-Test:

„Jede Epoche hatte ihre eigenen großen Prestigewagen. Aber was bleibt davon zwanzig oder dreißig Jahre nach ihrem Erscheinen? In den Vereinigten Staaten ist Duesenberg verschwunden. Der Vater des Hispano ist in Europa nur mehr eine blasse Erinnerung. Selbst eine Marke wie Mercedes hat es nicht immer verstanden, die Fahne des Prestigewagens hochzuhalten: Der 540 K ist fast vergessen, und das Renommee des 300 SL ist auch schon angeschlagen. Nur einer einzige Automarke ist es seit Beginn des Jahrhunderts gelungen, sich eine außergewöhnliche Stellung zu schaffen und sich auch weiterhin vom Gros der Konstrukteure abzuheben: Rolls-Royce. Dieser Doppelname verkörpert seit nunmehr fast sechzig Jahren Reichtum und Erfolg. Er ist das Symbol einer Art technischen Aristokratie, die auf die Besitzer dieser imposanten Wagen zurückstrahlt. Rolls-Royce hat es sogar geschafft, sich in dieser Vorrangstellung derart zu isolieren, daß die gewöhnlichen Sterblichen es allmählich müde wurden, von einem unerreichbaren Ideal zu träumen, und sich statt dessen den eher erschwinglichen Wagen zuwandten. Obwohl selbst in Amerika Rolls-Royce als der einzig wirkliche Luxuswagen gilt, wird die Frage nach dem Auto der Superreichen dieser Zeit in Europa häufig mit ‚Cadillac' beantwortet.

Wir mußten einen Rolls-Royce erst hautnah erleben, um zu begreifen, daß wir es mit einem wirklichen Automobil zu tun haben und nicht mit einer Art majestätischem Wesen, das nur für die reiche Phantasie einiger weniger Betuchter existiert. Man kann uns vielleicht Naivität vorwerfen, aber da dies angeblich ein Vorrecht der Jugend ist, stört es uns nicht weiter. Wie dem auch sei, wir fragten also bei Rolls-Royce an, ob man uns nicht einen Wa-

Der Silver Cloud und das Flugzeug Comet, die beiden Schmuckstücke der britischen Industrie in den 50er Jahren.

Rechte Seite: Ein Farbfoto des Silver Cloud der damaligen Zeit.

535-EK 75

Der Silver Cloud von 1955 ist ein völlig neues Modell, sowohl was seine Form als auch sein Chassis anbelangt. Es ist der letzte Rolls-Royce mit 6-Zylinder-Motor. Insgesamt wurden 2.360 davon hergestellt.

gen für eine Testfahrt zur Verfügung stellen könnte. Ehrlich gesagt machten wir uns keine großen Hoffnungen, denn Rolls-Royce ist wahrscheinlich der einzige Konstrukteur der Welt, der in gewissem Maße auf Werbung verzichten kann. Aber zu unserer großen Überraschung ist der bedeutendste britische Automobilhersteller unserer Bitte nachgekommen, als sei es die natürlichste Sache der Welt. Per Flugzeug schickte man uns einen Wagen.

Motor und Antrieb

Der uns zur Verfügung gestellte Wagen war ein Silver Cloud (zu deutsch Silberwolke) mit kurzem Radstand, das „Serienmodell" von Rolls-Royce. Er ist mit einem Sechszylinder-Reihenmotor von 4.887 ccm Hubraum ausgerüstet. Es handelt sich hierbei um einen langhubigen Motor — 95,2x114,3 — mit hängenden Einlaßventilen und stehenden Auslaßventilen. Durch diese kaum gebräuchliche Technik arbeitet der Motor sehr leise, es werden nämlich nur sechs Ventile von Kipphebeln gesteuert. Die Leistung wird dabei jedoch nicht gemindert, da die Lage der Auslaßventile nebensächlich ist.

Die durch kleine Zahnräder gesteuerte Nokkenwelle befindet sich im Kurbelgehäuse. Selbst die kleinsten technischen Details zeugen in der Regel von gründlicher Planung: Aluminiumzylinderkopf mit Ventilsitzringen aus Nickel-Chrom-Stahl, siebenfachgelagerte Kurbelwelle, statisch und dynamisch mit dem Schwungrad ausgeglichen und mit Schwingungsdämpfer versehen, Aluminiumkolben mit vier Kolbenringen, von denen einer verchromt ist, Doppelfedern bei den Einlaßventilen etc.

Bei einem Verdichtungsverhältnis von 8:1 wird die Kraftstoffversorgung von zwei horizontalen SU-Vergasern gewährleistet. Der Kraftstoff wird ihnen über zwei elektrisch betriebene Benzinpumpen zugeführt. Die Abgase entweichen über sechs Auslaßventile, die

Nachfolgende Doppelseite: Ein Coupé Silver Cloud III aus dem Jahr 1964.

Der Silver Cloud LWB, ein außerserienmäßig gebautes Modell (wenn man hier überhaupt von Serie sprechen kann!) mit längerem Radstand und einer Trennscheibe für den Chauffeurraum. Es wurden nur sehr wenige gebaut. Zum ersten Mal verfügt der Silver Cloud über ein serienmäßiges Automatikgetriebe, ohne daß es möglich ist, ein Modell mit Handschaltung zu erwerben. Wie die Fotos auf den folgenden Seiten zeigen, wurde das Modell verbessert und 1959 nach Einstellung der ersten Baureihe in Silver Cloud II umbenannt. Wichtigste Änderungen: V8-Motor, serienmäßige Servolenkung, die Höchstgeschwindikeit steigt von 170 auf 182 km/h. 1962 wird der Silver Cloud III das Nachfolgemodell. Man erkennt ihn schnell an seinen Doppelscheinwerfern. Er ist 4 km/h schneller, da seine Leistung um 8% gesteigert wurde.

in zwei Auspuffkrümmern zusammengeführt werden und in ein einziges Auspuffrohr münden. Drei Schalldämpfer reduzieren die verschiedenen Geräuschfrequenzen. Die Zündung erfolgt über einen Zündverteiler mit doppeltem Unterbrecherkontakt.
Was die Leistungsabgabe betrifft, ist der Silver Cloud sehr ausgeglichen. Dadurch ist man versucht, an seinen wahren Fähigkeiten zu zweifeln. In der Tat hat uns dieses Fahrzeug trotz seines Gewichts von zwei Tonnen mit einem beeindruckenden Motordrehmoment auf der Rennstrecke mit der beeindruckenden Geschwindigkeit von 166,7 km/h vorangebracht. Dies entspricht auf einer normalen Straße praktisch 170 km/h. Die Beschleunigung ist auch nicht zu verachten: Für 400 Meter notieren wir aus dem Stand 20,4 Sekunden, für 1000 Meter 37,4 Sekunden. Dies ist in etwa vergleichbar mit den Werten der neusten amerikanischen Autos, so daß diese Zahlen keinerlei Anlaß zu Kritik geben. Vor allem wenn man bedenkt, daß ein Rolls-Royce eigentlich kein Sportwagen ist. Das Unternehmen weigert sich im übrigen, auch nur die geringsten Angaben über die Motorleistung zu machen. Aufgrund der hydraulischen Kupplung konnten wir selbst keine genaue Messungen vornehmen. Dennoch kann man davon ausgehen, daß die maximale Leistung um die 200 PS bei ungefähr 4000 min^{-1} liegen dürfte.
Was den Benzinverbrauch anbelangt, so hat man sicherlich nicht versucht, ein sparsames Auto zu entwickeln. Auf unserem Spezialkurs ergab eine Testfahrt einen durchschnittlichen Verbrauch von 18,5 l auf 100 km. Ein weiterer Test auf einer öffentlichen Straße ergab bei einer Durchschnittsgeschwindigkeit von 102,7 km/h 28,7 l auf 100 km. Man muß jedoch betonen, daß diese Werte bei Regen und relativ starkem Wind ermittelt wurden. Zudem waren die Straßen oft stark verdreckt, so daß wir unter normalen Bedingungen ohne größeren Mehrverbrauch sicher eine Durchschnittsgeschwindigkeit von über 110 km/h erreicht hätten.
Die extrem wirkungsvolle Schalldämpfung des Silver Cloud läßt sich mit Zahlen allein nicht

JAY 300

Geräuschlos bei jeder beliebigen Geschwindigkeit

Silver Cloud II, 2.700 Exemplare.

Der Silver Cloud II mit V8-Motor wird im September 1959 herausgebracht. (Ca. 185 PS bei 4.500 min^{-1}.)

Ein Silver Cloud III (2.376 Exemplare) mit einer wundervollen Schwarz-Gold-Lackierung. Unten ein anderer Silver Cloud III aus dem Jahr 1964: Beachtung verdient sein originelles Nummernschild.

ausdrücken. So ist es zum Beispiel nicht notwendig in einem Geschwindigkeitsbereich von 40 bis 165 km/h, die einmal gewählte Lautstärke des Autoradios nachzuregulieren. Mag die Karosserieform auch nicht besonders aerodynamisch erscheinen, der Wind pfeift einem trotzdem nicht um die Ohren. Man kann sich bei jeder beliebigen Geschwindigkeit in normaler Stimmlage unterhalten. Der Motor ist in allen Drehzahlbereichen vibrationsfrei. Zudem ist der Motorraum völlig vom Fahrgastraum abgetrennt, da alle Betätigungen vom Armaturenbrett über Unterdruck ausgeführt werden. Somit wird die Übertragung mechanischer Geräusche vermieden. Eine Ausnahme ist das Tachometer, für das die englischen Ingenieure zur Zeit eine elektrische Steuerung entwickeln, die auch noch die letzte unerwünschte Verbindung zum Motorraum beseitigen soll.

Seit einigen Jahren ist Rolls-Royce dazu übergegangen, statt des mechanischen Schaltgetriebes das berühmte Hydramatic-Getriebe einzubauen. Dasselbe übrigens, mit dem General Motors die Pontiacs, Oldsmobile und Cadillacs ausstattet. Bevor die englischen Wagen jedoch mit diesem Getriebe ausgerüstet wurden, nahm man ungefähr vierzig Veränderungen daran vor.

Trotz unserer allgemeinen Abneigung gegen Automatikgetriebe, müssen wir zugeben, daß das Hydramatic-Getriebe einige Vorzüge besitzt, die es in einem anderen Licht erscheinen lassen. So bietet es die Möglichkeit, zwischen Vollautomatik und manueller Schaltung zu entscheiden. Sogar eine Fahrbereichswahl ist möglich.

Je nachdem wie stark das Gaspedal betätigt wird schalten die vier Gänge automatisch in die jeweils höheren Geschwindigkeitsbereiche. Bei durchgedrücktem Gaspedal erreicht man im zweiten Gang ungefähr 80 km/h und im dritten ca. 115 km/h. Zurückschalten kann man, indem man kräftig auf das Gaspedal steigt (Kick down) oder den Pedaldruck langsam zurücknimmt.

Das Abbremsen eines Wagens, der mehr als zwei Tonnen wiegt, stellt ein schwieriges Problem dar. Wir ließen uns zunächst vom Optimismus der Rolls-Royce-Vertreter nicht anstecken und gingen mit gewissen Vorbehalten an dieses Auto heran. Heute müssen wir jedoch eingestehen, daß unsere Ängste unbegründet waren. So erstaunlich dies auch scheinen mag, der Rolls-Royce verfügt über Bremsen, die dem normal sterblichen Autofahrer nie den Dienst versagen werden.

Auch wenn der Wagen mit Höchstgeschwindigkeit gefahren wird, zeigt er immer ideales Bremsverhalten. Selbst auf nasser oder rutschiger Fahrbahn kann der Bremsvorgang mit höchster Präzision durchgeführt werden. Die Bremsen sind mit einem Bremsverstärkungssystem ausgestattet, das alles bisherige in den Schatten stellt. Der Wirkungsgrad dieses Bremskraftverstärkers ist geschwindigkeitsabhängig: Bei 40 km/h erfolgt ein weiches Abbremsen ohne jeglichen Ruck, bei 165 km/h kann man die gleiche sanfte, aber wesentlich stärkere Bremsung vornehmen, ohne daß dabei ein zusätzlicher Kraftaufwand nötig wäre. Da das Automatikgetriebe leicht anspricht und beim Unterschreiten einer bestimmten Geschwindigkeit sofort in den dritten Gang zurückschaltet, werden zudem die Bremstrommeln entlastet.

Bevor ich dieses Kapitel schließe, sollte ich vielleicht noch einige genauere Angaben über das Bremssystem von Rolls-Royce machen. Es gibt zwei separate hydraulische Bremskreise, sowie ein mechanisches Steuerungssystem für die Rückbremsen. Ungefähr 60% des Bremsvorgangs werden hydraulisch und 40% mechanisch vorgenommen. Der doppelte Hauptbremszylinder wird von zwei Bremsflüssigkeitsbehältern versorgt. Der Hauptkolben versorgt jeweils einen der beiden Bremszylinder jedes Vorderrads und den Zylinder jedes Hinterrads. Der Nebenkolben sichert die Zufuhr zum zweiten Zylinder der Vorderräder, während die Steuerung hinten mechanisch ist. Falls der zweite Kolben nicht funktioniert, wird dennoch auf alle vier Räder eine hydraulische Bremswirkung ausgeübt, wohingegen beim Ausfall des Hauptkolbens die Bremsung vorne hydraulisch und hinten mechanisch erfolgt. Der Bremsbackenhub ist so berechnet, daß die Bremsung auch bei völligem Ausfall der Bremsbeläge wirksam ist. Sicherheit wird bei Rolls-Royce großgeschrieben, so daß wir in jeder Hinsicht vollauf zufrieden waren. Das Bremssystem genügt wirklich höchsten Ansprüchen.

Straßenlage und Federung

Da wir von Natur aus skeptisch sind und außerdem aus den Erfahrungen mit zahlreichen anderen englischen Autos klug geworden sind, erwarten wir uns vom Rolls-Royce bezüglich seiner Straßenlage keine außergewöhnlichen Ergebnisse. Wir hatten in der Tat ein völlig falsches Bild von diesem Wagen. Unsere Resultate sind nämlich mehr als zufriedenstellend. Auf gerader Strecke hält der Wagen in allen Gängen seine Spur sehr gut. Bei normalen Geschwindigkeiten neigt er sich in der Kurve zwar etwas zur Seite, nimmt sie aber völlig sicher und bleibt dabei leicht zu handhaben. Natürlich muß man das große Gewicht des Wagens berücksichtigen, wenn man eine sehr schnelle Richtungsänderung vornehmen will, z. B. in zwei aufeinanderfolgenden, engen S-Kurven. Aber bis auf diese Kleinigkeit kann man die Reaktionen des Silver Cloud kaum beanstanden. Wenn man will, kann man das Auto sogar in sehr sportlichem Stil fahren. Dann stellt man jedoch ein leichtes Übersteuern fest, das aber überraschend leicht und schnell wieder korrigiert werden kann. Es sei denn, man befindet sich in einer nach außen abfallenden Kurve. Auf nasser Fahrbahn haben sich die Reifen der britischen Marke, mit denen unser Auto ausgestattet war, sehr gut

bewährt. Unserer Meinung nach beweisen die auf der Straße ermittelten Durchschnittsgeschwindigkeiten mehr als alles andere die hervorragende Straßentauglichkeit von Rolls-Royce.

Auch die Federung haben wir sehr genau untersucht. Aber hier ist ein Autofahrer, der Wagen mit modernster Federung kennt, nur sehr schwer zu beeindrucken. Die relativ harte Federung des Rolls-Royce bietet einen im Vergleich zu anderen Automarken überdurchschnittlichen Komfort, obwohl manche Pflasterstraßen zu leichten Vibrationen führen. Die hinteren Stoßdämpfer können vom Armaturenbrett aus direkt eingestellt werden. Dadurch kann man die Federung sofort straffer machen, wenn man auf kurvenreichen oder schlechten Straßen fährt. Der Unterschied zwischen beiden Einstellungen ist auf dem Meßinstrument leicht erkennbar, für die Passagiere jedoch kaum merklich! Ausnahme: Überquerung eines Bahnübergangs.

Genau wie das Bremssystem verfügt auch die Lenkung über eine Servounterstützung. Dies macht den Lenkvorgang mühelos und sorgt für ein schnelles Ansprechen der Lenkung. Diese Servounterstützung wird erst ab einem bestimmten Widerstand am Lenkrad wirksam. Daher kann man bei hoher Geschwindigkeit mit Straßenkontakt fahren und den Wagen in der Stadt bequem und leicht manövrieren. Wir persönlich waren eine Zeit lang verunsichert durch diese Kombination aus leichter und gleichzeitig aber so direkter Steuerung dieses Wagens, dessen Reaktionsfähigkeit von seinem Gewicht beeinflußt wird.

Sobald man sich jedoch daran gewöhnt hat, kann man in dieser Hinsicht nichts mehr bemängeln. Dagegen empfanden wir den zu großen Wenderadius als störend.

Karosserie und Geräumigkeit

Wir hüten uns, eine Meinung über die äußere Form des Silver Cloud abzugeben. Wir glauben nur ganz einfach, daß niemand den zeitlos majestätischen und ausgewogenen Charakter dieser Karosserie leugnen kann. Die allgemeine Ausstattung und Perfektion des Fahrzeugs beeindrucken sogar den gleichgültigsten Testfahrer. Dieses Rolls-Royce-Modell hat ein Chassis mit selbsttragender Karosserie, wobei die getrennte Fahrgastzelle über einen eigenen Boden und Stoßfänger verfügt. Somit sind die Fahrgäste von der gesamten Mechanik des Fahrzeugs völlig isoliert. Es ist fast überflüssig, noch zu betonen, daß der Rolls-Royce natürlich auch vollkommen wasser- und staubdicht ist.

Der Silver Cloud ist ein sehr geräumiger Viersitzer, der seinen Fahrgästen einen ungewöhnlichen Komfort bietet. Die Vordersitze mit getrennten Rückenlehnen sowie auch die Rücksitze sind sehr sorgfältig konzipiert. Vor allem ist der Rolls das einzige uns bekannte Auto, in

Oben: Ein Coach Silver Cloud II mit Klappverdeck, karossiert von H. J. Mulliner.

Silver Cloud III, Coupé mit Klappverdeck, karossiert von Park Ward 1964.

Selbst der gleichgültigste Testfahrer ist beeindruckt!

Oben und unten: Ein Silver Wraith von 1955 mit offenem Verdeck. Das Nachfolgemodell des Phantom III wird nur als Chassis verkauft. Er fährt knapp 135 km/h und bleibt von 1947 bis 1959 in Produktion. 1700 Chassis werden hergestellt.

dem auch die Rücksitze über bequeme Kopfstützen verfügen. Jeder der beiden Vordersitze hat eine verstellbare Seitenlehne an der Tür und eine rückklappbare Armlehne zur Mitte hin. Die Rückbank ist durch eine breite, versenkbare Armlehne teilbar. Statt der Seitenlehnen ist an der Karosserie eine gesteppte Seitenpolsterung angebracht, so daß man sich ohne Komfortverlust nach außen hin abstützen kann. Überall hat man reichlich Platz für die Beine. Auch der Kopfraum des Wagens ist großzügig bemessen.

Obwohl die Rolls-Royce-Ingenieure auf eine Panorama-Windschutzscheibe verzichtet haben, da sie bei einem Unfall die Stabilität der Karosserie mindern würde, ist die Sicht aus jedem Blickwinkel zufriedenstellend. Die Seitenstreben der Windschutzscheibe behindern den Fahrer in keiner Weise. Die vier Türen gehen von hinten nach vorne auf und ermöglichen einen bequemen Einstieg. Zudem befinden sich im Rolls-Royce die Sitze auf einer für die Passagiere angenehmen Höhe, wodurch das Ein- und Aussteigen noch erheblich komfortabler wird.

Der Fahrgastraum ist mit zwei getrennten Heizsystemen ausgestattet: Das eine, mit getrennter Warmluftöffnung in Richtung Rücksitz, ist für die Passagiere bestimmt, das andere ist auf die Windschutzscheibe gerichtet. Jedes der beiden Systeme ist sehr effizient und verfügt über ein zweistufiges, leises Gebläse. Über dieselben Kanäle kann man auf die gleiche Weise Frischluft zuführen. Das Ganze läßt sich einfach über zwei Bedienungshebel steuern. Nachteilig ist, daß man die Fahrgäste im Fond nicht mit Warmluft versorgen und gleichzeitig für den Fahrer die Frischlufteinstellung beibehalten kann. Diese praktische Ausstattung gibt es bereits bei einigen Serienwagen. Die Ausstellfenster schließlich erscheinen jedem veraltet, der bereits mit den gut durchdachten Belüftungsdüsen Bekanntschaft gemacht hat. Der Rolls-Royce hat dagegen den Vorteil, mit einer Unterdruckaustrittsöffnung hinter der Sitzlehne sowie mit einer Heckscheibenheizung ausgestattet zu sein. Letztere wird über feine, in die Scheibe integrierte Heizfäden betrieben. Hierbei ist jedoch zu bemängeln, daß diese heizbare Heckscheibe vom Armaturenbrett aus zu bedienen sein sollte und nicht durch einen Hebel im Wagenfond! Was die allgemeine Ausstattung anbelangt, so weist dieses Modell jede nur erdenkliche, sinnvolle Perfektion auf. Um der gefährlich euphorischen Stimmung zu entgehen, wenden wir uns zunächst einigen kritischen Anmerkungen zu: Wir haben nicht ganz verstanden, wozu die kleine ausklappbare Platte in der Mitte des Armaturenbretts gut sein soll — außer daß man sich möglicherweise die Knie daran anstößt. Die Zigarettenanzünder sollten von einer Schutzhülle umgeben sein, damit man sich bei einer falschen Bewegung nicht aus Versehen verbrennt. Das Halterungssystem der hinteren Aschenbecher scheint nicht unbedingt stabil zu sein. Die Türverriegelung erfolgt durch eine Vierteldrehung des Schlüssels. Dadurch ist man nie völlig sicher, ob auch wirklich abgesperrt ist! Leider muß man bei einem Rolls wie bei einem Austin das Fehlen eines Kombischalters beklagen. Die undurchsichtigen Sonnenblenden sind ein Zugeständnis an die Tradition. Ein durchsichtiges, getöntes Material wäre hier weitaus angenehmer! Da wir nun schon einmal bei den luxuriösen Details sind: Warum ist nur hinten rechts ein Zigarettenanzünder und nicht auch hinten links?

Nach diesen fast entschuldigend vorgebrachten Mängeln kommen jetzt die Komplimente zuhauf: Die Rücksitze mit den beiden ausklappbaren Tabletts, die Zentralbeleuchtung, die beiden beleuchteten Seitenspiegel und die versenkten Türgriffe sind unter praktischen Gesichtspunkten gestaltet worden. Am Armaturenbrett ist der Schalter für den zweistufigen Scheibenwischer mit der Scheibenwaschanlage gekoppelt. Per Knopfdruck kann die in der unteren Ölwanne verbliebene Ölmenge abgelesen werden. Eine einfache Handbewegung am Armaturenbrett öffnet die Klappe des Benzintanks. Zudem leuchtet ein Kontrollämpchen auf, wann wieder aufgetankt werden muß.

Neigungswinkel und Position der beiden Rükkenlehnen der Vordersitze sind verstellbar. Der Wagen kann mit verschieden langen Lenksäulen ausgestattet werden. Im hinteren Kofferraumabteil wird das Reserverad durch eine Zahnstangenbefestigung, die durch Betätigung eines kleinen Hebels ausgeklinkt werden kann, in einem abgetrennten Fach gehalten. Eine kleine Öffnung in diesem Fach ermöglicht die Überprüfung des Reifendrucks, ohne das Reserverad herausnehmen zu müssen. Im linken Kofferraumabteil ist, umgeben von einer dicken, abnehmbaren Gummihülle, das Werkzeug untergebracht. Man kann es auf dem Kotflügel ausbreiten, ohne dabei den Lack zu verkratzen. Die Ausrüstung umfaßt außerdem eine elektrische Taschenlampe und eine Luftpumpe. Darüber hinaus hat jedes einzelne Werkzeugteil eine sehr schöne Aufmachung.

Schlußfolgerung

Es ist ganz klar, daß der hohe Preis eines Silver Cloud ihn für die meisten Menschen unerschwinglich macht. Aber man muß sich auch vor Augen führen, daß das Fahrgestell und ein Großteil der Mechanik aus eigens von Rolls-Royce entwickelten Legierungen hergestellt ist. Ihr metallurgischer Wert wird von niemandem bezweifelt. Auch wenn ein Element von einem anderen Hersteller geliefert wird, erfolgt seine Produktion unter der besonderen Aufsicht von Rolls-Royce. Dies gilt für alle elektrischen Bauteile sowie auch für die Reifen. Obwohl diese keine außergewöhnlichen

Der Phantom VI, der teuerste aller Rolls-Royce, tritt 1968 an die Stelle des Phantom V. Er hat einen V8-Motor von 6.230 ccm Hubraum und ein Hydramatic-Automatikgetriebe. Der wichtigste Unterschied zum Phantom V ist seine zweifache Klimaanlage für den vorderen und hinteren Fahrgastraum. Der Phantom VI wird schlicht und einfach als das beste Auto der Welt präsentiert . . .

Der Phantom VI soll über eine Leistung von ca. 200 PS bei 4.500 min^{-1} verfügen.

Maße haben, existiert ein Garantieanspruch auf exzellente Straßenhaftung auch bei hohen Geschwindigkeiten. Darüber hinaus garantiert Rolls-Royce die Haltbarkeit seiner Lakkierung und die Möglichkeit, unabhängig von der Farbe der Karosserie, eine Wiederauffrischung vornehmen zu lassen. Voraussetzung ist jedoch, daß Rolls-Royce-Farben verwendet werden!

Der Rolls-Royce Silver Cloud, sowie auch der Bentley haben eine dreijährige Garantie auf alle Teile, einschließlich Arbeitskosten und ohne Kilometerbeschränkung. (Bentley und Silver Cloud sind praktisch identische Modelle, nur sind sie mit einem jeweils anderen Kühlergrill ausgestattet. Der des Rolls-Royce wird nämlich von Hand gefertigt. Daher auch der Preisunterschied zwischen den beiden Modellen.) Die Garantie ist ein Beweis für das Vertrauen, das der Hersteller in seine Produktion setzt, und erklärt auch, warum dieses Fahrzeug sogar als Gebrauchtwagen noch so teuer gehandelt wird. Man kann anscheinend wirklich ohne Übertreibung behaupten, daß bei einem Silver Cloud erst nach ungefähr 200.000 Kilometern eine gründliche Generalüberholung vorgenommen werden muß.

Selten findet man in einem Wagen so scheinbar widersprüchliche Eigenschaften vereint! Wir hatten einen Wagen der Luxusklasse mit ausgesuchtem Komfort in Händen, ohne dabei den sportlichen Charakter zu vermissen. Es ist das erste Mal, daß wir eine solche Symbiose erleben."

Der Silver Shadow, ebenfalls mit einem V8-Motor von 6.230 ccm Hubraum (der 1970 auf 6.750 ccm erhöht wurde), wird den Kunden 1965 vorgestellt. Seine Ära geht 1976 zu Ende. Er versetzt die Automobilwelt durch seine avantgardistische Gestaltung in Erstaunen: Neben einer selbsttragenden Karosserie verfügt er auch über eine automatische, hydraulisch höhenverstellbare Aufhängung. Das gleiche System dient zur Betätigung der Bremsen. Der Silver Shadow ist schmäler, kürzer und niedriger als der Silver Cloud, aber seine zeitgemäße Form schafft mehr Platz für die Fahrgäste und zusätzlich einen geräumigen Kofferraum. Mit seinen 185 km/h ist er das schnellste, aber auch das teuerste „Wohnzimmer" auf Rädern. Als er herauskam, erhoben sich zahlreiche kritische Stimmen gegen seine Form. Rechts: Der Silver Shadow II weist keine großen Veränderungen auf: Er hat eine andere Aufhängung, die die Straßenlage in den Kurven verbessert, große Felgen mit neuartigen radialen Niederquerschnittsreifen, einen Motor mit geringerem Verdichtungsverhältnis, Transistorzündung etc. Festzuhalten ist, daß am Silver Shadow I von 1965 bis 1976 insgesamt fast 2000 Änderungen vorgenommen werden. Knapp 2.400 Exemplare dieses Modells werden hergestellt. Der Silver Shadow II ist an seinem Luftleitblech unter dem Kühlergrill zu erkennen, das jedoch die elegante Linienführung des Bugs beeinträchtigt.

Silver Shadow I, der bis heute größte kommerzielle Erfolg von Rolls-Royce.

Oben: Die erstklassige Innenausstattung des Camargue. Unten und nebenstehende Seite: Der Camargue ist der erste Rolls-Royce mit vollautomatischer Klimaanlage. Mit einem Gewicht von 2.345 kg ist er das schwerste Modell des Shadow-Programms, erreicht jedoch dank seines V8 und seiner aerodynamische Form eine Höchstgeschwindigkeit von über 190 km/h.

Die Firma Rolls-Royce selbst hat hier mit ihrer Tradition gebrochen und Pininfarina gebeten, eine neue Karosserie für das Chassis des Corniche zu entwerfen. Der Camargue wird von zwei Unternehmen als „persönliches" Modell betrachtet: Er wurde nämlich von Mulliner Park Ward in London hergestellt.

Rolls-Royce gibt 1975 einen hervorragenden Katalog für den Camargue heraus. Hier einige Auszüge daraus:

„Der Rolls-Royce Camargue profitiert von der großen Erfahrung und dem technischen Know-how, das die Firma Rolls-Royce bei der Herstellung von Wagen der Spitzenklasse erworben hat. Der italienische Designer Pininfarina entwarf die bestechend schöne Karosserie. Der Camargue wird von den besten britischen Fachkräften bei Mulliner Park Ward von Hand gefertigt: Er bietet dem Fahrer und den Fahrgästen noch nie dagewesenen Komfort und Sicherheit.

Große Türen ermöglichen einen für zweitürige Coupés ungewöhnlich leichten Ein- und Ausstieg. Die Rückenlehnen der Vordersitze werden durch einen einfachen Knopfdruck elektrisch entriegelt, um den Zugang zum hinteren Fahrgastraum zu ermöglichen. Von dessen außergewöhnlich breiten und komfortablen Sitzbank aus hat man zudem eine hervorragende Sicht.

Die wichtigste neue Besonderheit des Camargue ist seine von Rolls-Royce entwickelte automatische Klimaanlage. Sobald dieses System in Betrieb gesetzt wird, kann der Besitzer des Wagens die Temperatur wählen, die ihm den gewünschten Komfort gewährleistet. Er muß nur einfach die oberen und unteren Schalter betätigen, damit die im Innern des Wagens gewünschte Temperatur unabhängig von den äußeren klimatischen Bedingungen konstant gehalten wird. Dank seiner außergewöhnlichen Konzeption sorgt dieses Klimaanlagesystem

Coupé Corniche II mit rückklappbarem Verdeck aus dem Jahr 1987.

auch für eine gleichbleibende Luftfeuchtigkeit, ebenfalls ein wichtiger Aspekt des Komforts.

Der Karossier Pininfarina aus Turin hat ein elegantes und ausgefeiltes zweitüriges Coupé von außergewöhnlicher Anmut und Linienführung entworfen. Die Innenmaße, die schlanke Form der Stützen und die gekrümmten Seitenfenster vermitteln die Vorstellung von Raum. Die an die große Tradition der britischen Karosserie angelehnten Merkmale werden in der Innenausstattung deutlich. Der Rolls-Royce Camargue bringt dem Autofahrer neue Komfort- und Sicherheitsstandards in perfektem Einklang mit den modernen Fahrbedingungen. Er steht ganz in der Tradition von Rolls-Royce, dem unbestrittenen Meister in der Herstellung des besten Autos der Welt.

Test eines Silver Spur 1988

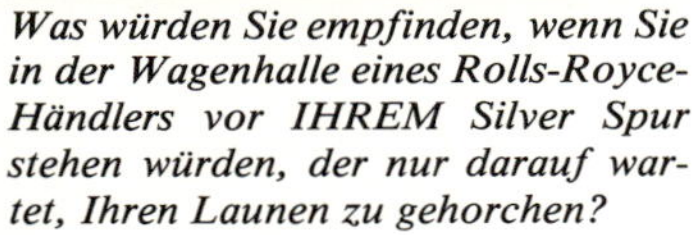
Was würden Sie empfinden, wenn Sie in der Wagenhalle eines Rolls-Royce-Händlers vor IHREM Silver Spur stehen würden, der nur darauf wartet, Ihren Launen zu gehorchen?

Ein letzter routinemäßiger Blick unter die Motorhaube, bevor es losgeht.

Rechte Seite: Auf einer Schotterstraße in der Nähe von Loriol in Frankreich.

Bevor man irgendein Auto testet, muß man mit der zuständigen Abteilung des Konstrukteurs in Kontakt treten. Man ist also auf Gedeih und Verderb demjenigen ausgeliefert, der darüber entscheidet, ob man Ihnen den gewünschten Wagen leiht oder nicht. Seltsamerweise ist der Empfang um so herzlicher, je teurer das Auto ist — und umgekehrt: Je billiger und populärer das Auto, um so mehr kommt die engstirnige „Beamtenmentalität" zum Vorschein. Als berühmter Journalist dagegen kann man mehr verlangen: Einen längerfristigen Test, wie zufällig genau in den Ferien oder an verlängerten Wochenenden. Es ist schon eine eigenartige Welt. Die Konkurrenz ist hart, und die Vetternwirtschaft funktioniert bestens.

Wenn Sie es wagen sollten, einmal ein Modell in einem Artikel zu zerreißen, dann werden Sie erleben, daß man Ihre Bitte höflich abschlägt, oder Sie werden zumindest lange Wartezeiten in Kauf nehmen müssen, bevor Sie ein anderes Modell des gleichen Konstrukteurs testen dürfen.

Ich werde hier natürlich keine Namen nennen — raffiniert, nicht wahr! Die Betroffenen werden sich sicher wiedererkennen, sollten sie zufällig einmal etwas anderes lesen, als Bücher über die Firma, bei der sie angestellt sind.

Bei Rolls-Royce ist nichts von alledem zu spüren. Nachdem ich mein Anliegen schriftlich vorgebracht habe, teilt man mir unverzüglich und sehr freundlich mit, daß man das Unmögliche möglich machen werde, um mir einen Wagen zur Verfügung zu stellen.

Man muß bedenken, daß es bei Rolls-Royce keine Testwagen im eigentlichen Sinne gibt. Ein vollständiger Test dieser Wagen ist so selten, daß dies dann regelmäßig ein großes Ereignis in der Autopresse ist. Eine psychologische Hemmschwelle — zusätzlich zur finanziellen — hindert den Otto-Normalverbraucher daran, den Rolls-Royce als gewöhnliches Auto zu betrachten. Ich komme später noch darauf zurück.

Ein Anruf des Importeurs, einem waschechten Engländer mit jenem Hauch britischen Akzents, der den ganzen Charme unserer Freunde in Großbritannien ausmacht, setzt mich davon in Kenntnis, daß „mein" Wagen bereitstehe. Zurückgebracht wird er dann von einem Spediteur.

Man leiht mir einen Silver Spur.

Ich habe Zeit, mich mit dem wundervollen Katalog vertraut zu machen, den die Firma in England herausgegeben hat. Hier die Präsentation des Silverspur:

„Die klassische Form des Silver Spur läßt kaum vermuten, zu welchen anspruchsvollen Fahrleistungen dieser Wagen fähig ist. Bei der Umstellung auf das im Vergleich zum Silver Spirit etwas längere Chassis bewies man eine derart glückliche Hand, daß die ästhetische Linienführung, die aus dem Rolls-Royce einen so einzigartigen Wagen macht, beibehalten wurde."

„Der verlängerte Radstand sorgt im Fond für

SILVER SPUR

Was, wenn ich ihn nun nicht zurückgebe?

Silver Spur 1987. „. . . Und schließlich beweist die Tradition des Hauses unzweifelhaft, daß jedes Modell aus einer langen Reihe berühmt gewordener Meisterleistungen hervorgeht."

„Die Kombination ästhetischer und praktischer Details macht den Silver Spur zu einer idealen Lösung für jemanden, der unterwegs arbeiten muß. Doch auch ein solcher Besitzer wird das unleugbare Vergnügen genießen, wenn er selbst am Steuer seines Wagens sitzt!"

einen Platzgewinn von 10 cm. Im Vergleich zur Gesamtlänge von 5,37 m mag dies vielleicht geringfügig erscheinen, aber der Komfort der Fondpassagiere wird dadurch erheblich gesteigert. Auch rein äußerlich unterscheidet sich der Silver Spur in subtilen Einzelheiten von den anderen Modellen. Das Dach ist mit einem besonderen Material überzogen. Außergewöhnlich sind auch die Radkappen, auf denen mit Hilfe einer Töpferscheibe von Hand feine Linien gezogen wurden, und ein spezielles Emblem auf dem Kofferraumdeckel. Dies sind die diskreten äußeren Kennzeichen eines Silver Spur . . ."

Der Wagen kommt mit großer Verspätung an. Aus der Nähe betrachtet ist er noch beeindruckender als auf dem Foto. Diejenigen, die dieses Buch illustrieren, werden nie ganz das elektrisierende Gefühl wiedergeben können, das man angesichts eines Rolls-Royce Silver Spur empfindet, der drei Tage lang Ihr Begleiter sein wird.

Ein Frösteln durchläuft den ganzen Körper. Während ich darauf warte, daß mein Rolls-Royce für mich vorbereitet wird, führe ich ein langes Gespräch mit dem sympathischen Mister . . . Ich möchte gerne erfahren, wer so ein neues Auto kauft. Da dies kein Geheimnis ist, antwortet er mir, daß es die reichsten Leute sind. Aber man muß ja bedenken, daß diese Kunden seit jeher daran gewöhnt sind, einen Rolls-Royce zu fahren und dies für sie folglich ganz normal ist. Dann gibt es noch die Neureichen: Ob sie nun aus der Bekleidungsbranche oder aus dem Schlagergeschäft kommen, ihr neugewonnener Status bringt sie automatisch zu Rolls-Royce. In Anlehnung an eine berühmte Werbung könnte man sagen, daß ihre Devise lautet: „Einen Rolls- Royce oder gar nichts . . ." Aber manchmal kommt es vor, daß ein Sänger nach dem ersten finanziellen Rückschlag seinen schönen Wagen wieder verkauft oder, wenn er ihn geleast hat, dem Unternehmen wieder zurückgibt. Das Glücksrad dreht sich oft sehr schnell.

Andere Käufer „en vogue" sind arabische Prinzen, deren Geschmack und Ansprüche wohl jeden Leser verblüffen würden. Aber in diesem Fall ist Diskretion angebracht, man verrät mir keine Einzelheiten.

Nicht zu vergessen ist natürlich der alte europäische Adel, der nur einige tausend Kilometer im Jahr fährt. Dies sind die besten, die unkompliziertesten, die am meisten an Geld und den Luxus dieses Wagens gewöhnten Kunden. Sie haben es daher auch nicht nötig, ihren Rolls-

Royce vorzuzeigen, da er schon immer ein Teil ihrer Welt war.
Und schließlich gibt es noch eine letzte, ganz gewöhnliche Kategorie von Kunden: Die Käufer von Gebrauchtwagen . . .
Wie alle anderen Autos, verlieren auch die neuen Rolls-Royce nach und nach an Wert. Wenn Sie sich einmal in den großen Wagenhallen der entsprechenden Händler umsehen, werden Sie zehn bis fünfzehn Jahre alte Wagen entdecken, die wie neu scheinen — und auch wie neu sind. Angesichts der Qualität der Konstruktion und der langen Lebensdauer ihrer Bauteile sind sie relativ preisgünstig.
Man muß mit mindestens 65.000 Mark rechnen, wenn man einen guten gebrauchten Rolls-Royce kaufen will. Zu diesem Preis kann man einen Silver Shadow, Baujahr 1975, in einwandfreiem Zustand erwerben. Wenn man den Preis der in etwa vergleichbaren Luxusautos kennt, wenn man ihre Wertminderung an der Gebrauchtwagenbörse und ihre geringe Lebensdauer berücksichtigt, scheint es ganz einleuchtend, daß der Kauf eines Rolls-Royce eine gute Geldanlage sein kann. Hinzu kommt ein völlig neues Fahrgefühl und die bewundernde Anerkennung der Umgebung. Ein Wiederverkauf läßt sich meist ohne Verlust aushandeln. Wenn man lange genug warten kann und dem Wagen sorgfältige Pflege angedeihen läßt, kann man ihn vielleicht sogar noch teurer verkaufen. Gibt es eine bessere Art, sein Geld anzulegen und dabei täglich ein kleines Märchen zu erleben?
Da der Rolls-Royce für eine wirklich lange Lebensdauer gebaut ist, hat auch an einem Wagen aus zweiter Hand der Zahn der Zeit nicht genagt: Seine Karosserie ist tadellos, sein Lack immer noch genauso glänzend und farbintensiv, das Wageninnere mit seinen weichen Sitzen hat im Laufe der Zeit Patina bekommen, und sein Motor ist nach 100.000 Kilometern gerade erst eingefahren.
Nur eine große psychologische Hemmschwelle hindert uns daran, einfach die Möglichkeit ins Auge zu fassen, einen Rolls-Royce zu erwerben.
Während mein Testwagen von Hand gewaschen (ein Rolls-Royce verträgt keine Waschanlagen) und mit einem Autoleder poliert wird, denke ich über dieses Problem nach und sage mir: Wenn der Test zu meiner Zufriedenheit ausfällt, bin ich es mir schuldig, mich in Versuchung führen zu lassen.
Die Idee gefällt mir nachträglich sehr gut.
Nachdem man mir erklärt hat, wie die verschiedenen Hebel und Schalter zu bedienen sind, setze ich mich ans Steuer und stelle gleich mit großem Erstaunen fest, daß der Zähler fast auf Null steht. Der Wagen ist eindeutig neu.
Es herrscht also vollstes Vertrauen.
Was wäre, wenn ich nun nicht zurückkommen würde? Wenn ich beschließen würde, diesen Wagen irgendwo in einer Garage zu verstecken und ganz allein für mich zu behalten? — Der Importeur antwortet mir unerschütterlich, daß so etwas bereits geschehen sei und man den Wagen in Kairo wiedergefunden habe. Dieser trockene Humor bringt mich wieder auf den Boden der Tatsachen zurück. Ich verspreche, den Wagen wieder zurückzugeben.
„Der Silver Spur wurde 1984 zum ersten Mal vorgestellt. Er ist 106,6 cm länger als der Spur und folgt auf den alten Silver Wraith II in der neuen Generation der Modelle. Auf Wunsch von Rolls-Royce Motors wird eine begrenzte Serienproduktion bei Robert Jankel Design aufgenommen.
Die Überlegenheit der Rolls-Royce ist nicht allein auf allerhöchste Präzision und genaueste Berechnungen zurückzuführen, obwohl diese in der Entwicklung und beim Bau der Wagen eine wichtige Rolle spielen. Sie hängt vielmehr von der Kompetenz vieler Fachkräfte ab. Einige von ihnen wissen zum Beispiel, daß der Kühler ganz leicht gewölbt sein muß, damit man den Eindruck hat, er sei gerade. Sie wissen ihre Hände, Augen und ihre jahrelange Erfahrung richtig einzusetzen, um Dinge zu beurteilen, für die ein Meßinstrument wenig nützlich wäre.
Solche Fachkräfte überprüfen jede Rolls-Royce-Karosserie, wenn sie das Lager verläßt. Andere korrigieren alle für ein ungeschultes Auge unsichtbaren Mängel, bevor die selbsttragende Karosserie in mehreren Stufen gereinigt wird. Erst dann können sich die Lackierer ans Werk machen: Zuerst tragen sie eine Grundierungsschicht auf, dann eine schwarze Leitschicht, eine weitere Schutzschicht sowie mehrere Farbschichten. Erst dann kann mit der Montage begonnen werden.
Auf jeder Verarbeitungsstufe wird das Resultat geprüft und das Fahrgestell von Hand poliert, bevor man zum nächsten Schritt übergeht. Selbst dann ist die Arbeit des Lackierers jedoch noch nicht beendet! Die letzten Lackschichten werden erst kurz vor der allerletzten Testfahrt aufgetragen.
In der Schreinerei sucht ein Fachmann die Furnierung aus feinstem Nußholz für das Armaturenbrett und die Türzierleisten aus. Acht sorgfältig ausgewählte Teile werden zur Armaturenbrettverkleidung zusammengefügt. Sie scheint dann wie aus einem Stück gefertigt zu sein. Alle Holzteile werden von Hand abgeschliffen, lackiert und poliert.
Mehr als zehn ganze Rinderhäute werden für die Lederbezüge verwendet. Ein spezielles Gerbverfahren wurde entwickelt, um das Eindringen von Feuchtigkeit, die dann die Innenscheiben beschlagen könnte, so weit wie möglich auszuschließen. Das Leder wird nach seiner Reißfestigkeit und Widerstandsfähigkeit gegen den Abrieb von Kammgarnstoffen ausgewählt, bevor es von Hand zugeschnitten und genäht wird."
Ich schließe den prachtvollen Katalog wieder. Ja, der Rolls-Royce ist wirklich eine wunderschöne Sache. Beim Öffnen der Tür strömt einem ein köstlicher Ledergeruch entgegen, der über Jahre hinweg nichts von seiner Intensität verliert! Die neu entworfenen Sitze der 1988er Modelle sind ein wenig schmaler und haben

Ein Silver Shadow II in der Wagenhalle eines Importeurs.

. . . Hier steht vielleicht Ihr nächster Wagen . . .

. . . Wer weiß? Ein gebrauchter Rolls-Royce ist auch eine gute Investition!

Folgende Doppelseite: Ein Silver Spur und ein Silver Spirit. Der Spirit hat ein Chassis mit einem 10 cm kürzeren Radstand als der Spur.

BLACKS
AL ESTATE
SURANCE &
OAN AGENT
SALE LIQUOR DEALERS
OVERLAND STAGE LIN

FIRST CITY BAN

Am Steuer des Rolls-Royce steigt das Selbstbewußtsein!

Die Rücksitze des Spur bieten einen noch größeren Komfort als im Spirit.

Der Motor wird mit der Hand montiert, wie es bereits vor achtzig Jahren üblich war.

Jedes kleinste Detail wird von den erfahrenen Händen hochqualifizierter Fachkräfte ausgeführt.

neue, verstellbare Kopfstützen, die seitlich für besseren Halt sorgen. Die Sitze haben eine vollautomatisch regelbare Einstellung. Über acht verschiedene Schalterstellungen kann die vertikale und horizontale Position der Sitze sowie auch deren Neigungswinkel verändert werden.
Mit Hilfe des rechts vom Fahrer befindlichen Bedienhebels kann man Sitz und Rückenlehne nach Wunsch verstellen. Da alles elektronisch gesteuert wird, ist es ziemlich erstaunlich, wie geräuschlos und schnell die gewünschten Positionen eingenommen werden. Ebenso schnell erscheint es ganz selbstverständlich, ja sogar logisch und notwendig. Mit einem zusätzlichen Schalter kann man für alle vier Sitze die vier verschiedenen, bevorzugten Positionen speichern. Diese Vorrichtung hat sich in der Fachterminologie unter der Bezeichnung „memory seats“ durchgesetzt.
„Im Inneren eines Rolls-Royce hat man das Gefühl, in einer anderen Welt zu sein — einer Welt voll verführerischen Komforts, die alle Sinne befriedigt: Der Duft des hochwertigen Leders erfüllt die klimatisierte Luft. Das hochglanzpolierte Armaturenbrett aus Nußholz ist eine zusätzliche Augenweide. Die Ausstattung und die Instrumente vermitteln das angenehme Gefühl von Qualität.
Auf dem Boden liegen hochflorige Teppichböden aus Lammwolle mit Wilton-Belägen. Fußstützen sorgen darüber hinaus für die Bequemlichkeit der Fondpassagiere des Silver Spur.“
Genau diese Liebe zum Detail macht den Unterschied aus. Die Aufmerksamkeit, die scheinbar zweitrangigen Problemen geschenkt wird, und die ausgezeichnete Qualität jedes einzelnen Bauteils eines Rolls-Royce haben Maßstäbe gesetzt. Nur diese unbedingte Verpflichtung zu höchster Qualität in allen Bereichen, angefangen beim Entwurf bis hin zur Fertigung, hat es möglich gemacht, daß 65 Prozent aller jemals gebauten Rolls-Royce noch heute regelmäßig gefahren werden.
Sobald ich mit dem Sitz die richtige Position gefunden habe, verstelle ich mittels zweier verchromter Hebel die elektrisch regelbaren Außenspiegel. Die Einstellung ist präzise, aber die Sicht nach hinten ist nicht so exzellent wie im SAAB 900 Turbo, der die besten Rückspiegel hat, die ich bis jetzt gesehen habe. Ihre Besonderheit ist, daß man auch im sogenannten toten Winkel eine perfekte Sicht hat. Mit einem kleinen, flachen Yale- Schlüssel läßt man den Wagen linker Hand am Armaturenbrett an. Es ist übrigens unmöglich, dieses Schloß mit einem Dietrich zu öffnen. Bei der ersten Vierteldrehung springt der Motor mit einem dumpfen, brummenden und kräftigen Geräusch an. Es erinnert mich an die amerikanischen Wagen, nur ist es viel weicher.
Der Achtzylinder-V-Motor (90°) hat ein Bosch-Einspritzsystem und ist aus einer leichten Legierung gefertigt. Dieser seit langem bewährte Motor hat einen Hubraum von 6,75 l (104x99 mm). Im Vergleich zum V8 mit Vergaser steigert er die Leistung um 22 Prozent, wobei gleichzeitig der Verbrauch um 16 Prozent reduziert wird (bei einer gleichbleibenden Geschwindigkeit von 90 km/h).
„Das Kernstück eines jeden Rolls-Royce zeugt von einer langen Tradition hochwertiger Technologie. Diese Tradition wird von Menschen getragen, für die der Begriff ‚gut genug‘ nicht existiert. Ihr einziges Ziel ist Präzision. Sie erreichen es durch die kritische Überprüfung jedes einzelnen Teils, während andere sich damit begnügen würden, bei jedem Hundertsten eine Stichprobe vorzunehmen. Diese Präzision verlangt, daß selbst ein kleiner, verchromter Schalter aus Messing gefertigt, zweimal poliert und mehrmals plattiert wird, bevor man die letzte Chromschicht aufträgt, die den wundervollen, gewünschten Effekt bringt.
Überall in der Fabrik ist ein einzigartiger und entschlossener Wille spürbar, die höchstmögliche Qualität zu erzielen. Das Metall jeder Kurbelwelle wird einem Materialtest unterzogen, um sicherzugehen, daß es genau den Vorgaben der Ingenieure entspricht.
Alle Teile, sogar die kleinsten, werden einzeln unter ultraviolettem Licht kontrolliert, um völlige Rißfreiheit zu gewährleisten.
Sobald der Motor zusammengebaut ist, wird er in seiner Gesamtheit ausgewuchtet, wodurch die legendäre ruhige Laufweise garantiert wird, die man mit dem Namen Rolls-Royce verbindet. Erst nach einem zweistündigen Test am Prüfstand kann man davon ausgehen, daß der Motor seinen Platz auf dem Fahrgestell einnehmen kann.“
Auf einem hochmodernen Prüfstand des Rolls-Royce-Werks in Crewe durchläuft der Prototyp des Motors mit dem neuen Benzineinspritzsystem seinen letzten Test:
„Computerüberwacht wird er kalt gestartet und läuft unter Last, wobei alle Bedingungen simuliert werden, mit denen ein Fahrer tagtäglich konfrontiert wird. Dieser letzte einer langen Reihe von Tests wird zehn Wochen lang an jeweils fünf Tagen über zehn Stunden hinweg durchgeführt!
Auf allen Fertigungsstufen wird jeder Motor wieder und wieder kontrolliert, da nur so die technologische Brillanz gewährleistet werden kann. Dies erfordert peinlichste Aufmerksamkeit bei allen Details. Den hochqualifizierten Fachkräften von Rolls-Royce ist diese Einstellung bereits in Fleisch und Blut übergegangen.
Das Getriebe ist automatisch, wie bei allen Rolls-Royce-Modellen seit 1955.
„Das Automatikgetriebe wählt für alle Bedingungen den richtigen Gang, während der Tempomat es dem Fahrer ermöglicht, mühelos die Geschwindigkeit konstant zu halten.“
Zum Anfahren stellt man den kleinen Hebel zur Gangwahl — es gibt drei davon — auf D (Drive), und der Wagen fährt geräuscharm und sanft an. Wenn man etwas stärker auf das Gaspedal drückt, gibt der Motor ein beeindruckendes Schauspiel seiner Leistung. Man spürt schnell, daß er den Silver Spur immer ruhig und nahezu geräuschlos durch die überfüll-

ten Straßen von New York, London oder Paris bringen wird.
Und eben dort befinde ich mich gerade, in Paris. Die Abmessungen des Wagens sind größer als bei gewöhnlichen Autos, und das Fahren erfordert zumindest am Anfang erhöhte Aufmerksamkeit. Aber man gewöhnt sich sehr schnell daran. Was sofort verblüfft, ist die beeindruckende Stille, die einen umgibt. Die dikken Teppiche, die getönten, hermetisch geschlossenen Scheiben isolieren Sie völlig von der Außenwelt. Man lebt abgeschirmt in einem Universum aus Luxus, Raffinement, Schönheit und dem übermächtigen Gefühl absoluter Ewigkeit. Die Zeit spielt keine Rolle mehr, die Außenwelt verblaßt mehr und mehr. Der völlige Schutz, den der Silver Spur bietet, nimmt Ihnen alle Sorgen, so daß Sie nur noch den Augenblick genießen wollen.
Dann gewinnt der Journalist in mir wieder die Oberhand. Ich kehre wieder in die harte Realität zurück, die nach reiflicher Überlegung eigentlich doch nicht so hart ist: Ich bin jung, reich — zumindest hat es den Anschein — und schön — die Blicke der Frauen zeigen es mir —, wenn ich am Steuer des besten Autos der Welt sitze . . .
Eitel, glauben Sie? Nun, da haben Sie ganz recht! Man wird es schnell in so einem Wagen. Die Blicke der anderen beweisen es hundertmal, tausendmal. Ich kann darin ihre Fragen lesen: Wer ist das? Wie kann er sich so einen Schlitten leisten? etc. Auch die Frauen sehen mich auf einmal anders an. Trotz meines Dreitagebarts, meines zerknitterten Hemds und meiner ausgewaschenen Jeans scheine ich plötzlich einen gewissen Charme zu besitzen.
Kokette Blicke und manches Lächeln sagen viel über meine Vorzüge — oder auch nur über die Tatsache, daß ich einen Rolls-Royce fahre . . . ich weigere mich, daran zu glauben.
Jedenfalls bin ich während dieser Probefahrt auf keine Miesmacher gestoßen. Man hat mich weder beschimpft noch übermäßig devot behandelt, wie ich es erwartet hatte.
Übrigens: Parken ist einfach . . . vorausgestzt man findet einen Parkplatz, der groß genug ist.
Ich entferne mich einige Augenblicke vom Wagen, um eine Flasche Wasser zu kaufen. Als ich zurückkomme, habe ich Gelegenheit, die Unterhaltung einiger Gaffer mitanzuhören: „Was ist den das für ein Irrer, der mit diesem Wagen fährt?" fragt ein bärtiger Vierzigjähriger. — „Hast du gesehen, wie der innen aussieht?" — „Zusammen mit dem Wagen bekommst du für einen Monat einen Chauffeur gestellt, damit du lernst, wie man das Ding fährt", sagt eine geschwätzige Frau zu ihrem Nachbarn. „Das ist ja piekfein", meint ein anderer. — Ich habe genug gehört, schiebe mich mit einem „Verzeihung" an den Leuten vorbei und stecke zur allgemeinen Verwunderung den Schlüssel ins Schloß. In eindrucksvoller Stille mustert man mich begierig von oben bis unten. Ich spüre, daß sie sich alle fragen, wer ich bin. Denn meine effektvolle neonrosa Sonnenbrille hat nichts von jenem klassischen Touch, den man von dem Fahrer eines solchen Wagens zu recht erwarten dürfte. Außerdem muß ich gestehen, daß ich weder das Benehmen noch die Art, noch das Alter habe, um so ein Auto zu besitzen. Ich öffne die Tür und habe plötzlich das unwiderstehliche Verlangen, diese Leute

Die Silver Spur Limousine ist mit allen nur erdenklichen Mätzchen ausgestattet, nach denen die reichen Amerikaner verrückt sind. Diese Fotos machen jeden Kommentar überflüssig.

Im Silver Spirit „erfüllt der Duft des hochwertigen Leders die klimatisierte Luft. Das hochglanzpolierte Armaturenbrett aus Nußholz ist eine zusätzliche Augenweide. Der Rahmen und die Kontrollinstrumente vermitteln das angenehme Gefühl von Qualität." Der Spirit bewegt sich auf freier Strecke genauso mühelos wie im dichten Großstadtverkehr, durch den er wendig gleitet.

Der beeindruckte Tankwart bedient mich eifrig

zu provozieren: „Ein Lottogewinn", sage ich cool und sehe mit einem Mal — o Wunder — ein Lächeln über ihre Gesichter huschen. Ich spüre fast körperlich, wie erleichtert sie sind. Neidisch, aber in gewisser Weise auch froh. Auch einer aus ihren Kreisen kann es zu etwas bringen!

Welche Legende und unglaublicher Mythos ist mit diesem Wagen verbunden!

Ich fahre weiter, und angesichts der glühenden Hitze in Paris schließe ich die elektrischen Fenster, um die Klimaanlage in der Praxis zu testen. Sie allein kostet so viel wie ein Mittelklassewagen.

Jahrhundertelang machte sich der Mensch das Klima zunutze. Die Sonnenstrahlen verwendete er zum Ziegelbrennen, den Wind zum Mahlen von Korn. Heute geben die Ingenieure von Rolls-Royce den Autofahrern die Möglichkeit, ihr eigenes bevorzugtes Klima zu wählen. Sie haben eine hochwirksame Klimaanlage entwickelt mit einer Kapazität von ungefähr dreißig Haushaltskühlschränken und einer Heizleistung von insgesamt 9 kW.

Um zu verhindern, daß sich im Innenraum Feuchtigkeit niederschlägt, wird die angesaugte Luft abgekühlt, um die Feuchtigkeit zu kondensieren. Die Luft wird dann auf die gewünschte Temperatur erwärmt — sowohl für den oberen als auch für den unteren Bereich des Fahrgastraums.

Mit Hilfe zweier Regler am Armaturenbrett können Temperaturen zwischen 17°C und 30°C eingestellt werden. Sobald die Wahl getroffen ist, hält die Anlage die Temperatur konstant, wobei die Luft im Wageninnern dreimal pro Minute umgewälzt wird.

Dieses System reagiert so empfindlich, daß die Einstellung nicht mehr geändert werden muß, nachdem die optimale Komfortstufe einmal gewählt ist.

Nicht im Katalog steht, daß die automatische Klimaanlage auch über eine getrennte Einstellung für den Kopf— und Fußbereich des Fahrgastraums verfügt. Meine „sehr frische" Programmwahl läßt mich schnell frieren. Ich stelle also den Regler für die Innentemperatur auf ca. 20°C, während die Außentemperatur laut Skala am Armaturenbrett bei 34°C liegt.

Nun zu meinem Bestimmungsort. Bevor ich von zu Hause wegfuhr, habe ich mit geschlossenen Augen mit dem Finger auf einer Karte von Frankreich irgendwohin gedeutet. Der Zufall wollte, daß mein Finger auf ein kleines Dorf in der Nähe von Valence zeigte: Loriol. Um dort hinzugelangen, muß ich die Autobahn bis Lyon nehmen und dann Richtung Valence bis zur nächsten Ausfahrt weiterfahren. Fast sechshundert Kilometer hin und genausoviel wieder zurück!

Die Anhalter an der Pariser Ringautobahn, Einfahrt Porte d'Orléans lasse ich stehen. Undenkbar, jemand mitzunehmen, tut mir leid, aber ich weiß nicht, ob diese Art von Fahrgästen unter den Versicherungsschutz fällt. Sobald ich dann bei herrlich klarem Stereo-Musikgenuß auf der Autobahn bin, stelle ich erstaunt fest, daß meine Reisegeschwindigkeit 180 km/h beträgt, während ich mich des Gefühls nicht erwehren kann, kläglich dahinzuschleichen.

Ich weiß zwar nicht, woher dieser Eindruck kommt, doch er läßt mich während der ganzen Fahrt nicht mehr los. Eine Zeitlang fahre ich mit mehr als 200 km/h dahin, und keinen Augenblick bin ich mir meiner wirklichen Geschwindigkeit bewußt. Selbst wenn der Motor auf Hochtouren läuft, ist der Silver Spur genauso leise wie in der Stadt. Man muß nicht einmal das Radio lauter stellen. Selbst wenn ich wie jedermann im Pulk fahre, spüre ich, daß das Herannahen des berühmten Kühlergrills, den anderen Autofahrern totalen Respekt und völligen Gehorsam abnötigt. In der Savanne ist der Löwe der König der Tiere, ähnlich verhält es sich mit dem Rolls-Royce auf der Autobahn.

Man läßt mir automatisch freie Bahn. Ich muß nie von meiner Hupe oder Lichthupe Gebrauch machen. Sobald ich überhole, drehen sich mir wie auf Kommando alle Köpfe zu, um zu sehen, wer denn im Wagen sitzt. Die Leute sind fasziniert bei dem Gedanken, daß hier ein Star oder jemand, der sehr viel Geld haben muß, an ihnen vorbeizieht.

Ich habe beschlossen, an der nächsten Tankstelle auszufahren, um vollzutanken. Eigentlich will ich nur den Verbrauch kontrollieren. Bei der Importfirma hat man vage zwanzig Liter als Verbrauch angedeutet, aber da ich mit dem Gaspedal nicht sehr vernünftig umgegangen bin, brenne ich darauf, es genau zu erfahren.

Ich fülle 43 Liter in den Tank, der 108 Liter fassen kann. Das Tachometer zeigt 195 km an, das heißt also ungefähr ein Verbrauch von 21,4 Liter auf 100 Kilometer.

Der Tankwart ist die Liebenswürdigkeit selbst und, obwohl hier normalerweise nur Selbstbedienung ist, besteht er darauf, mich zu bedienen. Schließlich bekommt man nicht alle Tage einen Silver Spur zu sehen. Seine Aufmerksamkeit richtet sich vor allem auf das luxuriöse „Innenleben" des Wagens, und ich spüre, daß er etwas enttäuscht ist, als ich ihn den Ölstand nicht überprüfen lasse. Dennoch macht er mir andächtig die Windschutzscheibe sauber, und ich gebe ihm ein fürstliches Trinkgeld. Ist doch klar, oder?

In Anbetracht meiner Großzügigkeit ist er übereifrig und macht sich daran, die unzähligen Fliegen, die den Kühlergrill und die Scheinwerfer zieren, umständlich zu entfernen. Ich überrede ihn, doch mit seinem alten Lappen zu reiben, und schüchtere ihn vollends ein, als ich die Hochdruckspritzdüse mit heißem Wasser betätige, das sofort die zerquetschten Mükken von den Scheinwerfern löst.

Bevor ich weiterfahre überprüfe ich die hydraulischen Bremsen. Vorsicht! Man füllt keine gewöhnliche Flüssigkeit nach, sondern L.H.M. Eine Reserve befindet sich in einem gepolsterten Fach hinten in dem geräumigen Kofferraum.

Der Rolls-Royce ist das Ergebnis einer geglückten Verbindung aus Luxus, Komfort, Zweckmäßigkeit. Sein zeitloser Stil und seine Eleganz sind beispiellos.

Die Bremskraft ist enorm

Jeder Rolls-Royce hat zwei Bremssysteme, die äußerste Sicherheit garantieren. Zweifache hydraulische Pumpen liefern den Druck auf die Räder, die Bremsklötze werden gegen die Bremsscheibe von 279 mm Durchmesser gedrückt. Damit die für Rolls-Royce typisch sanfte Fahrt nicht gestört wird, werden die Bremsscheiben bei der Herstellung einzeln ausgewuchtet.

Wenn der Fahrer auf das Bremspedal drückt, wird somit die gesamte Bremskraft aufgebracht. Doch ungeachtet der Straßenverhältnisse können die Räder nie blockieren. Dies wird durch das Antiblockiersystem von Bosch (ABS) verhindert.

Die Feststellbremse wird ebenfalls über ein Fußpedal betätigt. Ihre Wirkung wird noch verstärkt durch die automatische Einrastung der „Park"-Stellung der Automatikschaltung, sobald der Zündschlüssel abgezogen wird. Dies erhöht die Sicherheit, da es unmöglich ist, einen Gang einzulegen oder das Auto in Bewegung zu setzen, ohne daß der Zündschlüssel in seiner korrekten Position ist.

Die Konstruktionsphilosophie des gesamten Bremssystems beruht auf maximalen Sicherheitsanforderungen. Bei langen Talfahrten auf kurvenreichen Alpenstraßen oder bei hohen Geschwindigkeiten auf der Autobahn kann sich der Fahrer uneingeschränkt auf seinen Wagen verlassen. Was kann sich ein Rolls-Royce-Besitzer noch mehr wünschen?

Die Bremskraft ist in der Tat enorm. Wenn ich später wieder meinen eigenen Wagen fahren werde, wird mir sicherlich beim Bremsen der kalte Schweiß ausbrechen. Mein an den Silver Spur gewöhnter Fuß wird die Kraft nicht mehr genauso dosieren können, und ich werde das unangenehme Gefühl haben, nicht rechtzeitig bremsen zu können.

Die Servolenkung des Silver Spur ist sehr leicht, aber die Beherrschung des Wagens hat mich vor einige Probleme gestellt. Einen Wagen dieses Gewichts bekommt man nicht so leicht wieder unter Kontrolle wie eine kleine Limousine. Beim Steuern braucht man daher ein gewisses Fingerspitzengefühl, das man aber relativ schnell erwirbt.

Bei meiner Ankunft in Lyon tanke ich 63 Liter für die Strecke von 323 Kilometer, d.h. ein Verbrauch von 21 Liter auf 100 Kilometer. Bis nach Valence sind es jetzt noch 104 Kilometer. Ich komme in mehrere kurze Gewitter und habe dadurch die Gelegenheit, allgemein die Wetterfestigkeit des Wagens zu testen: Sie ist perfekt. Die Scheibenwischer haben zwei Geschwindigkeitsstufen und einen Intervallschalter mit mehreren Stufen. Sie lassen sich alle zwanzig oder alle zehn Sekunden einschalten. Je nach Bedarf können die zeitlichen Abstände auch länger oder kürzer gewählt werden.

Während meiner Testfahrt suche ich eher nach den Fehlern als nach den Vorzügen dieses Wagens, da letztere dazu angetan sind, ihn als den perfektesten Wagen, den ich jemals getestet habe, erscheinen zu lassen. Aber die Mängel, die ich entdecke, sind keine wirklichen. Zum Beispiel die Tatsache, daß sich die Hebel für Scheinwerfer und Scheibenwischer am Armaturenbrett befinden. Wenn man daran gewöhnt ist, die Bedienungshebel am Lenkrad zu haben, könnte dies als störend, wenn nicht sogar als Zeitverschwendung, empfunden werden. Aber noch während man darüber nachdenkt, wird einem diese traditionelle Handhabung der Instrumente und Schalthebel schnell zur Gewohnheit. Die Hand findet automatisch den richtigen Weg, sobald es notwendig wird, sich eines Accessoirs zu bedienen. Im Grunde ist es also gar nicht so störend.

Vor der Rückfahrt stelle ich den Wagen auf eine Hebebühne, um ihn von unten zu überprüfen. Auch hier Präzision bei der Anordnung der Teile, Schönheit und ausgezeichnete Qualität der Bauteile. Auch der Unterbau macht einen bemerkenswert soliden Eindruck. Alle Rolls-Royce-Modelle weisen eine beispielhafte Solidität auf. Diese Überlegenheit zeigt sich darin, daß beim Silver Spirit nur eine Karosserie für die heutzutage gesetzlich vorgeschriebenen Crash-Tests nötig ist, während andere Automarken deren drei opfern müssen.

Die Karosserie und all ihre Hauptbestandteile sind so konstruiert, daß sie eine Widerstandsfähigkeit garantieren, die selbstverständlich erscheint, sobald man die Türen öffnet. Unsere Wagen sind von einer Aura der Solidität umgeben, die auf die Gewißheit zurückzuführen ist, daß die Toleranzgrenzen bei den Konstruktionsvorgaben bedeutend enger gesteckt sind, als dies bei alltäglichen Autos der Fall ist. Der Neuzustand der Karosserie wird durch eine intensive Korrosionsschutzbehandlung erhalten. Mehr als zehn verschiedene Arbeitsschritte sind erforderlich, bevor die Karosserie lackiert wird. Zehn oder mehr Farbschichten bilden eine Art Panzer, der weit dicker ist als bei gewöhnlichen Wagen. Dadurch wird nicht nur ein größerer Schutz, sondern auch eine erstklassige Oberflächengüte erreicht. Alle Innenflächen der tragenden Bauteile werden mit einem speziellen Rostschutzöl behandelt. Die Öffnungen werden anschließend versiegelt.

Der Unterbau der Karosserie wird in zwei Schichten mit mehreren Kilogramm Schutzfarbe überzogen, bevor die Karosserie zur Montage gebracht wird. Eine weitere Schutzschicht aus dem gleichen Material wird nach Abschluß der Montagearbeiten aufgetragen.

In aller Ruhe fahre ich nach Paris zurück und genieße den absoluten Komfort dieses Ausnahmewagens. Ich habe Ihnen noch gar nichts von der weichen Federung erzählt, aber ist das wirklich nötig? Die schmeichelnden Bezeichnungen sind mir inzwischen ausgegangen, und ich möchte mich nicht in langweiligen Wiederholungen ergehen. Aber ich entdecke schließlich doch noch einen „Mangel": Der innere Türverriegelungsknopf erweist sich als sehr störend, wenn man den Ellbogen auf den Holzrahmen des Seitenfensters aufstützen will. Die Zentralverriegelung macht es dem Zerstreuten auch möglich, sich selbst auszu-

Henry Royce hatte eine unerbittliche Maxime: „Es gibt keinen sicheren Weg, etwas zu beurteilen. Mit Ausnahme der eigenen Erfahrung."

Auf der nächsten Seite: Der Silver Spur am frühen Morgen.

sperren: Mir ist es aus Unachtsamkeit selbst passiert, nur war glücklicherweise das Fenster offen.
An die Blicke habe ich mich sehr schnell gewöhnt. Sie sind nicht nur berauschend, sondern werden sogar unentbehrlich. Wenn man mich einmal nicht ansieht, sage ich mir mit einem Mal: „Der läßt sich wohl von gar nichts beeindrucken!“ Die Eitelkeit ist ein schreckliches Laster.

Wieder beim Importeur angelangt, gebe ich mit Bedauern meinen Silver Spur zurück — und treffe gleich eine Vereinbarung für den Kauf eines gebrauchten Rolls-Royce.
Nehmen Sie sich in acht! Kokain ist harmlos im Vergleich zu dem berauschenden Entzücken, das man am Steuer eines Rolls-Royce empfindet.
Wenn man einmal von dieser Automarke „abhängig“ ist, dann auf ewig.